融合纹理特征的人体皮肤图像分析建模方法

张茜 著

中国水利水电出版社
www.waterpub.com.cn

·北京·

内 容 提 要

本书以多视点下的静态人体皮肤图像序列为研究对象，详细论述了融合纹理特征的人体皮肤图像分析建模的方法，主要包括数字图像的基础分析方法、多视图三维重建的基本原理、皮肤图像的质量评价方法、皮肤纹理图像的特征描述方法、皮肤图像的分割方法、高分辨率人体皮肤建模技术及多视角几何极线校正方法等。

本书作者在皮肤图像分析处理的研究应用领域有着十几年的工作经历，取得的主要成果包括基本数字图像分析方法的改进、基础相机定标新方法、人体皮肤图像应用的分析等。这些成果目前已应用于医疗美容效果鉴定、医院皮肤科的皮肤量化分析、影视动漫产业的高清晰人体皮肤纹理展现等。本书可为进行皮肤数字图像分析的相关人员、皮肤医学领域的相关医疗人员及高等学校相关专业的研究生提供理论和应用指导。

图书在版编目（ＣＩＰ）数据

融合纹理特征的人体皮肤图像分析建模方法 / 张茜著. -- 北京 : 中国水利水电出版社，2022.2
ISBN 978-7-5226-0243-1

Ⅰ．①融… Ⅱ．①张… Ⅲ．①数字图像处理 Ⅳ．①TP391.413

中国版本图书馆CIP数据核字(2021)第233623号

策划编辑：石永峰　　　责任编辑：张玉玲　　　封面设计：梁　燕

书　　　名	融合纹理特征的人体皮肤图像分析建模方法 RONGHE WENLI TEZHENG DE RENTI PIFU TUXIANG FENXI JIANMO FANGFA
作　　　者	张茜　著
出 版 发 行	中国水利水电出版社 （北京市海淀区玉渊潭南路 1 号 D 座　100038） 网址：www.waterpub.com.cn E-mail：mchannel@263.net（万水） 　　　　sales@waterpub.com.cn 电话：（010）68367658（营销中心）、82562819（万水）
经　　　售	全国各地新华书店和相关出版物销售网点
排　　　版	北京万水电子信息有限公司
印　　　刷	三河市元兴印务有限公司
规　　　格	170mm×240mm　16 开本　11.25 印张　158 千字
版　　　次	2022 年 2 月第 1 版　2022 年 2 月第 1 次印刷
定　　　价	62.00 元

前　　言

皮肤是身体表面包在肌肉外面的组织，是人体最大的器官。普通成年人皮肤的表面积大约为 16000cm^2，皮肤总质量约占身体总质量的 8%。近年来人们对皮肤的关注度增加，也逐渐形成一系列相关研究领域，主要集中于皮肤医药疗效研究、化妆品效果评价、计算机图形学和计算机视觉技术等辅助应用研究领域，这是一个具有活力的、经济效益巨大的市场。2007 年，作者在韩国开始从事皮肤图像相关的软件开发和设备调试工作，从此与皮肤图像的相关研究结下缘分，自 2013 年在山东大学从事博士后研究，到后来在泰山学院任教，一直在该领域进行研究探索。国家关于"加快推进科技成果转化和产业化"的指导性意见，促使作者将这些年来的研究思路及成果总结汇集成一部皮肤图像研究相关的专业性书籍。

作者注重将研究内容与实际软件开发相结合，在论述方法的同时阐述了软件功能的意义和实现过程，有较强的实用性。全书经过细心组织和编写，可为相关领域的开发人员、皮肤医学领域的相关医疗人员及高等学校相关专业的研究生提供理论和应用指导。

本书由泰山学院信息科学技术学院张茜教授独立编写。在作者本人的科研经历中，皮肤图像的处理研究主要在韩国嘉泉大学副校长皇甫宅根教授指导下完成；基于皮肤图像序列的皮肤三维建模研究主要在山东大学计算机科学与技术学院屠长河教授指导下完成。该书相关研究获得了国家自然科学基金项目（No.61402320）、山东省自然科学基金项目（No.ZR2013FQ029，ZR2020MF035）和泰山学院 1958人才工程项目等的支持。作者在十几年的研究过程中经常与湖北汽车工业学院吴文欢博士讨论相关问题，虽素未谋面，但彼此信任，合作默契，共同发表了若干成果，在此深表谢意。

同时，感谢中国水利水电出版社在本书出版过程中给予的大力支持，感谢石永峰老师的支持与帮助。特别感谢泰山学院信息科学技术学院的吕泓、庄申洋和张鹏同学为本书的资料整理所做的工作。在编写本书过程中作者参考了大量国内外书籍及论文，在此对书中所引用书籍及论文的作者表示感谢。

由于作者水平有限，书中难免有不当之处，敬请读者批评指正。

作　者
2021 年 12 月

目　　录

第 1 章　概述

1.1　人体皮肤的特性

皮肤是身体表面包在肌肉外面的组织，是人体最大的器官。普通成年人皮肤的表面积大约为 $16000cm^2$，皮肤总质量约占身体总质量的 8%。近年来人们对皮肤的关注度增加，也逐渐发展形成一系列相关研究领域，主要集中于皮肤医药疗效研究，化妆品效果评价及计算机图形学和计算机视觉技术等辅助应用研究领域。皮肤表面研究的相关领域分类如图 1-1 所示。

图 1-1　皮肤表面研究的相关领域

尽管上述领域的研究方法和研究目标有差异，但每个领域都趋向于关注皮肤表面的纹理细粒度特征，致力于精准展现皮肤的实际状况。皮肤医学领域的研究是为了治愈各类皮肤疾病，使皮肤呈现自然健康的状态；医疗美容领域的研究目的是改善并遮掩瑕疵以增加皮肤的美观度和细腻度；计算机图形学领域以生成真实感皮肤，建立皮肤模型并对其增加色彩、光照、材质等渲染，达到模拟真实皮肤为目的；而计算机视觉领域的研究将皮肤作为区分个体差异的身份辨别工具，通过提取个体皮肤特征对其加以识别。

皮肤是一个复杂的器官。从化学组成成分分析，皮肤主要包含70%的水分，25%的蛋白质和3%的脂类，此外还包括矿物质、核酸、糖胺、蛋白多糖和许多其他化学物质。从物理结构角度，皮肤可以分为表皮、真皮层及皮下组织三部分，表皮层和真皮层的厚度从0.5mm到4mm不等。皮肤的基本结构如图1-2所示。

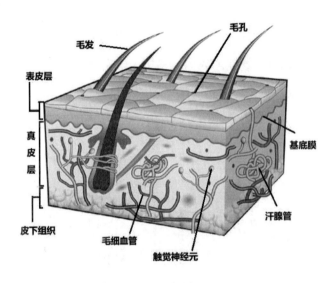

图1-2 皮肤的基本结构

表皮层在组织学上属于复层扁平上皮，主要由角质形成细胞、黑素细胞、朗格汉斯细胞和梅克尔细胞组成。其中角质形成细胞根据分化阶段和特点分为5层，由深至浅分别为基底层、棘层、颗粒层、透明层和角质层。正常情况下约30%的基底层细胞处于核分裂期，新生的角质形成细胞有次序地逐渐向上移动，由基底层移行至颗粒层约需14天，再移行至角质层表面并脱落又需14天，即共约28天，称为表皮通过时间或更替时间。

真皮层由中胚层分化而来，由浅至深可分为乳头层和网状层。真皮在组织学上属于不规则的致密结缔组织，由纤维（包括胶原纤维、网状纤维、弹力纤维）、基质和细胞成分组成，其中以纤维成分为主，纤维之间有少量基质和细胞成分。

皮下组织位于真皮层下方，其下与肌膜等组织相连，由疏松结缔组织及脂肪小叶组成，又称皮下脂肪层。皮下组织含有血管、淋巴管、神经、小汗腺和顶泌汗腺等。

皮肤还有一些附属器官，包括毛发、皮脂腺、汗腺和指甲，这些均由外胚层分化而来。

皮肤的吸收能力与角质层的厚薄、完整性及其通透性有关。角质层的水合程度越高，皮肤的吸收能力就越强。完整皮肤只能吸收少量水分和微量气体，水溶性物质不易被吸收。运动后体温升高可使皮肤血管扩张、血流速度增加，使已透入组织内的物质弥散加快，从而提高皮肤吸收能力。环境湿度也影响皮肤对水分的吸收，当环境湿度增大时，角质层水合程度增加，皮肤吸收能力增强。

了解和认识皮肤的特性有利于皮肤的数字化研究。因此，有必要详细分析皮肤的纹理特点、毛发遮挡情况、毛孔及其他标志物的分布情况等。

为了较好地理解皮肤的表面属性，需要充分了解皮肤表皮层和真皮层以及它们之间的光学属性。按照对皮肤表层观察的放大倍数分类，皮肤表层相关研究可以分为微观（Micro）、中观（Meso）和宏观（Macro）三个尺度，如图1-3所示。从图中可以看出，基于皮肤表面观察尺度的分类研究涉及多个领域，微观角度主要对皮肤表皮细胞进行研究，中观角度主要对皮肤表层组成部分进行研究，宏观角度对人体各部位皮肤表层的特征进行提取及分类研究。以下主要从中观角度和微观角度（这里统一称为微观角度）对皮肤表层的皱纹、毛孔、褶皱等纹理特征进行分析和建模。

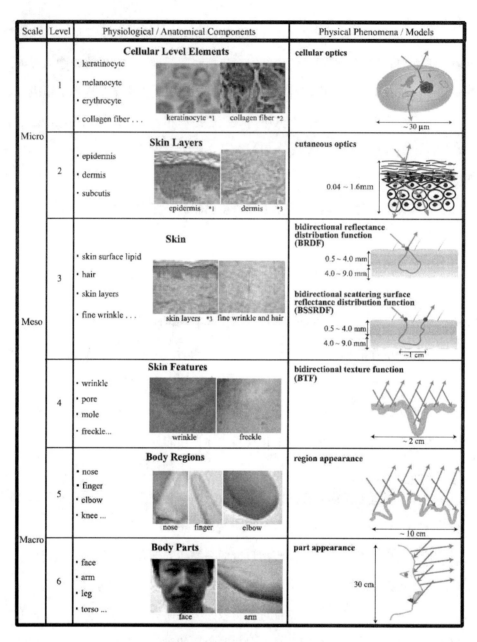

图 1-3 皮肤相关的分类研究

　　微观尺度下，我们可以通过裸眼观察皮肤表面的各组成部分。皮肤表面的视觉效果一般由皮肤表层、痣、毛孔、皱纹等组成并进行结构光学属性的综合展现，而且光线在皮肤表层的光学属性是表皮层和真皮层综合作用的结果。例如，皮肤表层在雀斑和痣的共同作用下改变了原有的颜色，而皱纹产生了皮肤表层的深度凹槽，改变了皮肤表面的二维属性，展现出三维纹理的特征。因此皮肤表面的视觉特征是由皮肤表层的光学属性和皮肤的形态学特点共同决定的。皮肤表层可以看成是由皱纹、毛孔、痣、斑点以及它们之间的交互组合构成的网状结构，其中皱纹的褶皱根据其深度和宽度可以分为主线皱纹和从线皱纹两大类：主线皱纹较宽较深，在皮肤表层相互平行；从线皱纹较窄较浅，表现为对角线的形式。两种线形褶皱将皮肤表层分成了不同形状的子区域，如图 1-4 所示。

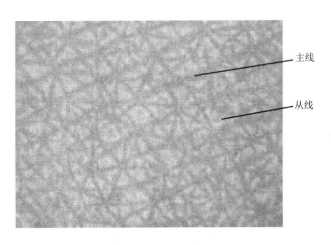

图 1-4　皱纹的分类

受光线和视点角度改变的影响，皮肤表层的视觉效果会发生较大变化。如图 1-5 所示，随着光线角度的改变，嘴角区域皮肤的视觉效果会发生较大的变化，这些变化包括颜色、纹理深度和高光区域等。因此对皮肤的三维建模主要采用基于立体视觉的方法，且属于其中的窄基线匹配，该问题将在后面章节详细讨论。

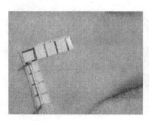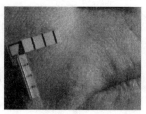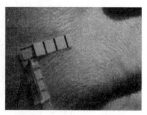

图 1-5　嘴角区域皮肤随光线角度变化产生的不同视觉效果

1.2　计算机视觉中的皮肤相关研究

视觉也许是人类用来了解周围世界的最重要的器官。通过分析我们周围世界反射的光，人类的大脑能够对周围的环境做出判断，帮助人类适应不断变化的环境。计算机视觉研究领域出现于 20 世纪 70 年代，其目标是制造接近人类的视觉和感知能力的机器系统。具体而言，计算机视觉既包括获取图像的能力，也包括分析和理解图像的能力。

计算机视觉的研究目标与生物视觉仿生方法学的目标有相似之处。在生物视觉中，大脑利用数百万年来适应的神经通路和通过经验获得的知识来解释来自眼睛的信号。在计算机视觉中，图像是从各种成像设备获取的，以数字方式存储，并通过为特定任务设计的多种算法进行处理。将这些算法通过一种智能的方式结合起来，有可能创造出一个模拟人脑来轻而易举地完成高层次处理的系统。

在大多数情况下，人类的感知远远优于计算机视觉提供的解决方案。然而，在某些情况下，计算机视觉的表现要优于人类的视觉。例如，计算机能够快速地执行任务，并且具有对人类而言不可能的计算能力，能够处理非常细微的细节。此外，计算机视觉系统有能力消除操作员之间的视觉判断误差，这种误差是人们在执行图像分析任务时经常出现的。假设三个不同的人分析同一幅图像，他们可能会返回三个不同的答案，或者虽然答案相同，但是做出判断的理由不同。计算机视觉系统则不然，确定性计算机视觉系统每次都会返回完全相同的答案。计算机特别适合分析非常大的图像数据，或者那些具有人类无法理解的维度的图像。虽然人类的视觉仍然远比模拟的复杂得多，但在这一领域的研究已经使我们的技术及能力产生了巨大进步。计算机视觉技术现在广泛应用于智能监控、机器人、国防和医学等领域。

在计算机图形学领域，皮肤外观的计算建模是当今研究的一个重要课题。这种皮肤外观的模型被广泛用于在电影、商业广告和电子游戏中渲染虚构的人类角色。为了让这些"虚拟演员"看起来逼真并无缝地融入场景中，"他们"的皮肤外观必须准确地捕捉到各种观察和照明条件下真实人体皮肤的所有细微之处。尽管通过模型渲染的方法得到的皮肤已经非常逼真和精细，但在人类视觉面前，它仍然远远不够完美，很容易被认为是渲染的而不是真实的。简言之，一个计算效率高且真实的皮肤模型仍然是计算机图形学中的一个开放性问题。

在计算机视觉中，一个细致而精确的皮肤外观模型对于识别个体具有重要价值。例如，指纹识别技术已经取得了长足的进步，现在已经成为一种广泛应用的生物识别技术。现在人们普遍认为，人体其他部位皮肤外观的精确模型也有助于人类的智能识别和跟踪。

使皮肤变得外观美丽是美容的首要目标。例如，粉底液被广泛用于掩盖皮肤的粗大毛孔和凹凸表面，使皮肤看起来更年轻。尽管在皮肤研究方面投入了巨大的资金，但目前的基础还远远不够完善。虽然粉底液可能隐藏瑕疵，使皮肤看起来更均匀，但是妆容修饰过的皮肤依然留有人工印记，即便是滤镜下的拍照也容易让人一眼辨认出来，不够自然。市场上，皮肤相关的模拟妆容整型系统被广泛应用，这可帮助消费者找到最适合自己的化妆品。这样的系统要求更精确和详细的皮肤外观模型的展现和量化分析过程。

人类皮肤的相关研究在医学疾病治疗方面也是一类专门的科学。在皮肤疾病的诊断过程中，仔细观察和评估病变部位的外观总是第一步，也是最重要的一步。近年来，数字诊断和激光治疗已成为治疗皮肤病的常用方法。在这些技术中，数字化的皮肤图像被用来作为检测和治疗皮肤上的病变的手段。这种技术是非侵入性的，因此患者在治疗期间不会遭受疼痛和留下疤痕。为了提高此类系统的精度，医生需要分辨率更高的皮肤图像与真实皮肤组织相互作用的模型。

1.2.1　皮肤图像的采集方法

在计算机视觉中，我们可以考虑三个高级操作，即图像获取（也称图像采集）、图像处理和图像理解。在图像采集中，用各种传感器采集数据，然后进行滤波，直到生成可用的图像。在这一领域的研究已经产生了广泛的成像模式，使计算机视觉"看到"的内容远远超出人类的视觉。诸如三维激光成像、远程战术型成像和活体三维成像等技术，它们只是其中的几个典型应用。

1. 成像设备

图像成像设备的种类很多，与视觉感知相关的设备包括数码相机、视频摄像机、雷达望远镜、RGBD 深度相机、全景相机和航拍无人机等。其他图像成像设备还有医学诊断成像、工业 X 光成像、显微镜系统等。16 世纪发明的最早的照相机暗箱模型并没有镜头，而是使用一个针孔将光线聚焦到墙上或半透明的屏幕上。几百年来，针孔已被各种镜头代替，如各种定焦镜头、变焦镜头、增倍镜头、鱼眼镜头等。但是这些成像过程仍然是通过记录光照射到感光器底板的每一个小区域的光强度实现的。

目前，皮肤图像的拍摄采集包括人脸识别应用中的人脸图像获取、皮肤医学中皮肤放大高分辨率应用图像的偏振光镜头，以及各种手持的近距离拍摄获取皮肤图像的各种 CCD（Charge Coupled Device，称为电荷耦合元件）镜头等。皮肤图像的拍摄采集对外光源有一定的要求，若采用普通光源照明，会出现靶目标光照强度不稳定、不均匀及出现光斑等，作为皮损形态观察尚可，但由于图像质量不理想会影响皮肤纹理的检测、皮肤毛孔或者瘢痕边界的分割，同时影响颜色与多项几何参数的精确测量。图 1-6 给出了常见的皮肤图像拍摄镜头，在不同的应用领域这些镜头各有不同。偏振光镜头可以作为皮肤镜常用的镜头，用于采集噪声较小的高分辨率皮肤图像，常用于皮肤镜设备中，用于皮肤医学相关的疾病检测和诊断；加入了偏振滤镜的镜头可以有效过滤环境光引发的皮肤表面高光光斑，该镜头常用于医疗美容领域的皮肤皱纹、含水量、肤色分析等；高性能的手机镜头或者单一镜头可用于人脸检测和识别方面的应用，这类镜头以高清为主，对镜头放大功能不做要求。

 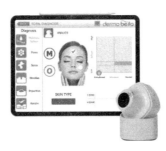 

（a）偏振光皮肤镜　　（b）带 2 个偏振滤镜的镜头　　（c）手机镜头

图 1-6　皮肤图像拍摄镜头

2. 皮肤图像处理系统

采集图像后，图像处理的步骤包含预处理、图像理解、图像特征的定位、图像特征的识别和分析等。这些关键的处理步骤允许图像被符号化地表示，而不是将图像表示成单个像素或者像素集的数据点的集合。图像处理仍然是一个热门的研究课题，尽管已经取得了显著的进展，但在很大程度上仍有很多未解决的问题。从图像数据中获得丰富而精确的符号表示是实现图像理解的必要步骤。图像理解是计算机视觉和人工智能之间的桥梁，通常由人类完成，或者是为实现特定应用专门研发的方法。

计算机视觉领域中主要对图像进行以下高层次操作，即图像获取、图像处理和图像理解。在图像采集层级，一般使用各种传感器采集数据，在拍摄过程或者数据传输过程的压缩、解压缩操作中会产生各种类型的噪声，因此对图像进行预处理十分必要。常用的图像处理方法是对图像进行滤波，直到生成可用的图像，图像处理为中间层级。系统处理分析获取的图像主要包含图像分割、目标检测、目标跟踪、图像配准和形状分析。

通常图像分割是图像处理的第一步，将图像分割成各个部分，每个部分对应于图像中不同的对象或区域。图像分割提供了有关图像数据性质的重要线索。图像处理的第二步是目标检测，检测是在用户输入最少的情况下自动找到图像中物体或区域的位置的过程。图像处理的第三步是目标跟踪，这一步是在时变图像中连续检测并可能分割出运动目标。图像配准是自动对齐图像的过程。形状分析提供了一种方法，用于比较现在的图像形状与先前从图像中分割出来的对象的形状，以确定它们之间可能存在的相似性和差异性。

图像理解是对图像的语义理解。它是以图像为对象，以知识为核心，研究图像中有什么目标、目标之间的相互关系、图像是什么场景以及如何应用场景的高层次应用。图像理解与人工智能密切相关，大多数应用的实现依赖于对特定的数据集进行训练和测试评估，数据标注工作是其中构建数据集的基本步骤。低层次的图像理解包括注意力机制、显著性检测及目标分割、图像合成工作。这一部分是图像理解基础上的目标分割和检测，它借助很强的注意力来定位可能的物体区域，只是判断少量潜在物体区域的具体类别信息，因此可以快速有效地进行识别，并摆脱对大数据的依赖。高层次的图像理解是认知的类人化，具有学习和推理的能力，研究较多的是由文本生成图像，由图像构建三维场景，由已知目标或形状生成相关图像等。

以下重点关注皮肤图像处理的关键任务。图 1-7 所示为上述内容的总结。

一般的皮肤图像分析处理系统由局部拍摄镜头，微观检测仪，带显示器的高性能电脑、打印机和图像分析软件构成。局部拍摄镜头一般采用长焦放大镜片组，根据应用可呈现 10～30 倍不等的光学放大倍数，光源多采用白色冷光源或者绿色光源，自动对焦。微观检测仪倍率支持 1 倍、50 倍、200 倍，通过计算机设置拍摄倍率，镜头应带有偏光功能，这有利于进一步放大皮肤观测区域。图像分析软件按应用不同功能不尽相同，为保证使用方便、系统稳定可靠，图像分析软件一般带有自动和手动两类功能。医院皮肤科常用的图像采集处理系统如图1-8所示，应用该系统，医生和患者可以通过图片获得对皮肤的直观感受。

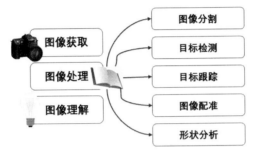

图 1-7   图像处理的关键任务

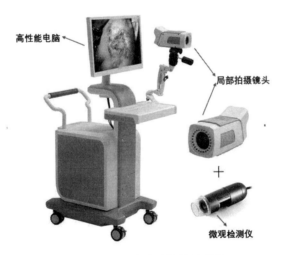

图 1-8   医用皮肤采集处理系统

1.2.2   皮肤图像技术的分类

皮肤图像技术的层出不穷，使皮肤科医生逐渐摆脱了单纯依靠经验性的肉眼判断和病理活检诊断技术相结合的单一皮肤病诊断模式，为皮肤科医生诊断疾病提供了科学的利器。各种皮肤测试仪、皮肤镜、皮肤 CT、皮肤超声等皮肤图像新技术是医生肉眼观察的延伸和放大，其共同的特点就是无创性，这对于多发性皮损筛选性活检、可疑损害或面部皮疹的筛查，以及特定皮损的长期观察记录等提供了定量的分析依据，必要时亦可作为司法上的医疗证据，意义重大。皮肤图像处理技术分为以下几类。

（1）皮肤图像处理技术的雏形是传统相机的摄影技术，但存在着照片、底片不易保存的缺点。数码相机的问世解决了上述问题，尤其是近年来，一些高档数码相机将先进的感测技术和高速图像处理技术相结合，可以实现定量测量和多边测量皮肤的各种构成元素，包括针对纹理、瑕疵、毛孔、亮度和颜色的高精确分析。同时，数码相机的微距拍摄对皮疹也有不同程度的数码放大作用。

（2）伍德灯通过含氢化镍的滤片获得 320～400nm 长波紫外线，在暗室中可以诊断色素性皮肤病和癣菌性皮肤病等。

（3）以美国 Canfield 公司的 Visia 和德国 CK（Courage Khazaka）公司的 VisioFace 为代表的皮肤测试仪器通过彩色光、UV 光源和 1200 万像素的摄像头对面部进行拍照，其中，白光成像肌肤表面可见斑点、毛孔及细纹；紫外光曝露紫外色斑和面部感染度问题；偏振光通过对血红蛋白的成像展示分析肌肤的血管情况、肤色均匀度。此类仪器能科学地评估皮肤表面皱纹、油脂分泌、色斑、肤质均匀度、毛孔的大小和数量，并做出分级，对皮肤问题进行量化分析、跟踪监测和综合分析，能让人很清楚地看到自己的皮肤状况和存在的问题，并针对每个人的肌肤状况提交建议性的治疗方案及皮肤护理项目，从而可更好地配合美容师和皮肤科医生的治疗。同时，消费者可以通过 Visia 结果认识自己的肌肤问题，通过跟踪观察使用产品一段时间后肤质的变化，检测保养策略是否正确，从而指导消费者进行科学的护肤与化妆品选购。

（4）皮肤镜是一种无创性观察在体皮肤表面和表皮下部，肉眼无法识别的形态学特征的数字图像分析技术。国外皮肤镜的应用始于对皮肤黑素细胞痣及黑素细胞瘤的无创性研究，后来扩展应用于非黑素细胞系起源的其他皮肤肿瘤及部分炎症性皮肤病的研究。皮肤镜具有多种不同规格，包括便携手持式、连接智能手机式、全身扫描式等。

（5）皮肤 CT 是反射式共聚焦激光扫描显微镜的俗称，以 830nm 的半导体激光点光源作为场光源，使探测点与照明点相对于物镜焦平面是共轭的，由此而实现同一个深度（XY 轴）和同一点不同深度（Z 轴）的成像，可以在生理状态下无创性地观察皮肤的结构。

（6）诊断皮肤疾病常使用 7.5～20MHz 的高频超声。通过回声带强弱可清晰地显示皮肤各层次结构，也可以无创性地诊断皮肤肿瘤和炎症性皮肤病。

（7）皮肤真菌和病理显微摄影是指用显微镜使被观察物体高倍率放大，连接显微镜与摄影装置，将显微镜所观察的物体拍摄下来的特殊摄影技术。该技术可以通过相匹配的软件系统对所获取的图像加以定性或定量分析。

（8）远程皮肤病会诊系统是将不同的皮肤图像技术与互联网连接，通过远程、实时的图像传输进行远程异地会诊，亦可将不同地域的专家邀至当地的远程会议中心进行多地或全国的远程皮肤病会诊。

1.2.3　皮肤图像处理技术

皮肤图像处理技术是一种利用计算机进行医学显微图像处理的方法，它具有采集、数字化医学显微图像、图像处理、存储、测量、统计、辅助诊断和生成图文报告的功能。由于皮肤图像检查技术的诊断结果可以通过图像打印系统出具报告，给患者以客观的判断指标，患者信任感和对诊疗方案的依从性也会随之提高。在皮肤图像处理过程中，图像的分析技术是核心，包含图像的预处理、图像分割、图像统计等内容。图像分割技术是整个皮肤处理技术的重中之重。图像分割是将图像分割成几个有意义的部分的处理过程。通常图像分割后会输出一个标记映射，它根据每个像素所代表的图像部分清楚地标记每个像素。这是完成后续图像处理任务（如目标检测、跟踪、对象识别和形状分析）所必需的初始步骤。

数字图像处理中的图像分割问题主要存在两个挑战。一个是定义哪些图像对象是"有意义的",这项任务取决于手头的特定应用程序。图1-9所示为一个男人的形象照片,在某些情况下,整个人像是"有意义"的对象,然而,图像中的"男人"形象是由帽子、脸、夹克、手、裤子、鞋子等构图而组成,在特定场景中,这些"物体"本身可能也"有意义"(比如,对基于图像内容的搜索,当输入关键词"平顶黑色礼帽"时)。这个例子说明了图像分割的语义复杂性。在大多数情况下,目标是在给定初始输入的情况下确定感兴趣对象的边界。由用户提供或自动生成的输入应该尽可能提供充分的线索,说明在特定场景中什么目标是"有意义的",以便进行分割,即明确定义分割的对象。另一个主要挑战是感兴趣的图像对象可能具有复杂的外观,使得它很难与周围的其他对象或图像背景区分开来。在这些情况下,很难设计出一种能够自动找到物体边界的算法。因此,正确地分割目标和分割正确的目标是图像处理领域最基础的待解决的两类挑战。

(a) 原图像

(c) 帽子 (d) 脸部

(e) 夹克 (f) 手

(b) 整个人 (g) 裤子 (h) 鞋子

图1-9 区分图像分割目标

典型的图像分割算法是从观察图像及其组成开始的。根据观察结果,对图像、感兴趣的对象和初始化类型进行假设。从这一假设出发,一个设计良好的算法将确定一个与这些假设相一致的图像域划分，并且（期望）这是一个精确的分割。因此，算法的设计和适当假设的选择是非常重要的。

皮肤图像的分割可以归纳为以下几类应用图像，如图 1-10 所示，头发图像中的分割目标是头发，鼻头图像中的分割目标是黑鼻头（鼻部粗大毛孔），脸颊图像中的分割目标是粗大毛孔，腿部皮肤图像中的分割目标是具有纹理特征的皮肤皱纹，舌下图像中的分割目标是舌下静脉。

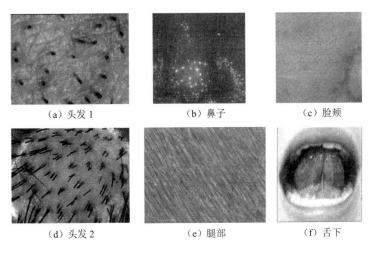

（a）头发 1　　　　　（b）鼻子　　　　　（c）脸颊

（d）头发 2　　　　　（e）腿部　　　　　（f）舌下

图 1-10　皮肤图像类型

随着人工智能技术的发展及深度学习框架的不断完善，在图像分割领域出现了基于学习的图像分割方法，产生了前景背景分割的普通学习法、基于每块区域意义的语义分割法和基于特定物体学习的实例学习法。以卷积神经网络（Convolutional Neural Networks，CNN）为例，图像分割是对连通域内的像素进行分类，即分成是目标区域的像素或者不是目标区域的像素，这样分割问题便成了分类问题。为了对一个像素进行分类，可使用该像素周围的一个图像块作为 CNN 的输入，用于训练与预测。在此基础上，为了提高预测效率，在 CNN 框架基础上加以改进，提出了全卷积网络（Fully Convolutional Networks，FCN）结构。FCN 可以对图像进行像素级的分类，从而解决了语义级别的图像分割问题。与经典的卷积神经网络在卷积层之后使用全连接层得到固定长度的特征向量进行分类不同，全卷积网络可以接受任意尺寸的输入图像，采用反卷积层对最后一个卷积层的特征图进行采样，使它恢复到与输入图像相同的尺寸，从而可以对每个像素产生一个预测，同时保留了原始输入图像中的空间信息，最后在上述采样的特征图上进行逐像素分类，完成最终的图像分割。

1.2.4　皮肤图像的三维重建

三维制作技术已经广泛应用于社会生产的各个领域，而人作为社会的主体也"进入"了三维虚拟空间领域。无论是数字电影、电影特技还是游戏产业，惟妙惟肖的三维动画已经让人分不清虚拟与现实的界限，各种虚拟角色正吸引着无数的游戏爱好者。计算机在处理图形图像方面的优异性能表现，使得人们对绘制真实的虚拟环境提出了更高的要求，即虚拟人越逼真越好，这里就涉及一个重要的问题：人体的皮肤建模与纹理渲染。在数字电影特效中，为突出渲染人体某一部位皮肤纹理细节（包括毛孔、嘴角、额头、皱纹等的变化），要对皮肤进行特效仿真，真实感强的皮肤效果有利于展现动画情节，表达电影内涵。

数字终端设备迅速发展，大屏幕显示器、高清电视、大屏幕手机的快速普及丰富了人们的生活；同时，网络技术的成熟发展为用户畅通无阻地浏览欣赏高清视频提供技术支持。这些应用对数字图像的应用研究提出了更高的要求，高清晰意味着图像中的像素密度高，能够提供更多的细节。高分辨率医疗图像有助于医生做出正确的诊断；高分辨率卫星图像有助于从物体中区别相似的对象。若能够提供高分辨率的图像，计算机视觉和模式识别性能可大幅度提高。受模型获取设备、后期模型处理成本及效率的限制，目前研究人员对皮肤表面建模只能获得由少量特征点组成的粗糙模型，后期通过添加光照渲染和对人体肌肉组织的运动模拟，以合成尽可能真实的皮肤模型。但这样合成的皮肤不生动，缺乏质感，常带有人工痕迹。大量的基于真实感图像的皮肤建模研究，如真实感人脸、三维虚拟人等仍然停留在该层次，在高清显示设备中无法真实展现皮肤表面的纹理状态。

具有纹理细节特征的真实感研究主要包括物体建模和纹理渲染两部分。在皮肤相关研究领域中，人脸动画的研究开始于 1972 年，此后许多学者在该领域进行了大量的探索。国内浙江大学、中国科学院、清华大学、哈尔滨工业大学、西安交通大学等高校与科研机构也相继展开该方面的研究。目前利用计算机合成真实感人脸仍然是一个开放课题。

合成真实感人体皮肤存在诸多困难。首先，从建模角度看，人体皮肤属非刚体，几何形状非常复杂，不同个体之间差异很大，如骨骼差异，肤质（包括肤色、皮肤光滑度和纹理细部特征）的差异，同一个体的不同部位，如手背、手心、嘴角、额头等亦有较大差别；其次，从人体的运动机理看，皮肤纹理走向和肌肉纹理的状态是由骨骼、肌肉、皮下组织和皮肤共同作用的结果，简单的物理模型很难展现真实感的皮肤状态；最后，人类对自身皮肤自然状态最为熟悉，与生俱来具有识别和理解肢体运动的能力，使得真实感皮肤合成更加困难。

根据实现原理的不同，建模方法可以分为四类，即手工建模、统计建模、扫描建模、特征建模。手工建模是利用三维制作软件，如 3D MAX、Maya 等，在计算机中绘制三维人体皮肤模型。这种方法的优点是易于实现，不受环境影响；缺点是制作费时费力，对制作者的绘制水平有较高的要求。统计建模是 Volker Blanz 等人提出的一种基于统计的人脸建模方法。该方法用三维扫描仪建立一个三维人脸库，对于一张正面人脸照片，用库中人脸模型线性组合的正面投影去逼近这张照片，最后把合成的人脸模型作为照片中人脸的模型。在统计建模的基础上，2012 年学者 Shim 引入概率漫射模型，使人脸较好地逼近三维人脸库，取得了较为逼真的实验结果。该建模方法的优点是输入简单，只需要一张正面照片，而且合成的人脸模型不存在奇异失真；缺点是准备工作多，建人脸库繁琐，所建模型在纵深方向存在一定误差。扫描建模是用三维扫描仪来创建人体皮肤模型。这种方法得到的模型精细度高；缺点是设备本身造价高，而且激光直接扫描人体皮肤会有潜在危害，扫描后的模型还需要经过软件后期数据拼接和补漏。利用深度相机是扫描建模这一领域的新生事物，利用 TOF（Time of Flight）相机或者 Kinect 摄影机可以实现静态物体重建，不足之处在于获取深度信息的分辨率较低，噪声较大。特征建模包括几何建模和基于图像的建模两种，该方法是目前研究人员获取真实感皮肤模型采用的主要方法。

几何建模是把皮肤建模标准化，并用网格表示出来，作为将来生成真实感人体皮肤或人体动画的基础。通常情况下，为了把皮肤纹理表达得详细、生动，总是希望网格数越多越好，但是考虑到计算代价，又不可能把网格数无限制地增加。本书所列文献用自适应网格的方法对人脸建模，先建立非均匀的脸部网格，然后合成真实感的人脸和头部，最后通过输入动态控制参数产生运动效果。这种动态控制参数方法与图像分析方法相结合，为合成高度真实感人脸提供了一种可能，运用这种方法可以获得精细的脸部几何结构和纹理、合成各种脸部变形、实现自然及完全可控的脸部动画。

基于图像的建模是一种数据驱动模型，利用这种方法可以合成真实感的皮肤。首先，在给定皮肤状态下，利用拍摄器材多方向、多角度、同步或者异步进行拍摄；其次在选定的若干张图像上标注特征点，如眼角、嘴角以及鼻子顶部等；然后，将这些特征点用于形变的三维皮肤网格，以适应特定部位皮肤要求；最后，用图像作为纹理映射至变形部位，生成所需要的真实感皮肤。建模过程中，特征点的检测和兴趣点的匹配是待解决的关键问题之一。在非刚性物体发生空间形变的情况下，对稠密兴趣点集进行匹配变得更加困难。前期研究主要集中在点集的空间形变问题，通过对点集空间进行学习建模的方法完成稠密匹配，该方法计算复杂度高，模型不易收敛。有研究综合考虑待匹配点集的空间一致性和特性相似性，将点集空间映射到低维子空间，从而降低了学习复杂度，但由于需要精确的频谱分析，因此无法进一步提高算法的计算效率。

在静态皮肤的三维重建研究中发现，眼部皮肤存在部分皱纹遮挡区域，若采用半稠密匹配方法可以实现对该区域的粗糙建模；而对皱纹深度较浅的皮肤区域建模，则将皮肤毛孔及皱纹拐点作为特征匹配点，可以较好地完成稀疏匹配。但是在稠密匹配过程中，皮肤存在大片纹理稀疏区域，造成匹配效率较低，局部皱纹细节重建效果不够理想。因此，在考虑皮肤纹理特征和匹配点集空间排列的前提下，有必要构造一种新的模型方法来解决皮肤或者非刚性物体的稠密匹配问题。

随着计算机视觉算法的成熟及其广泛应用，又出现了一些新的方法可直接获取真实感的皮肤数据，如用数字化仪获取人体全景三维轮廓信息。Kähler 提到的3D激光自动扫描仪可以在几秒钟之内对人的脸部及肩膀等三维物体扫描105个以上的三维点，由此建立人体三维几何模型，经过纹理映射再生成真实人脸，这样可以避免对真实人脸无以计数的皱褶和细微的颜色及纹理变化进行建模，减少控制点个数；其缺点是增加了后期图像处理的难度。

近年来，随着高清图像获取及显示设备的普及和网络带宽的大幅提高，消费者对画面清晰度提出了更高的要求，超分辨率（Super-Resolution）技术应运而生。超分辨率技术即通过硬件或软件的方法提高原有图像的分辨率，通过一组低分辨率的图像来得到一幅高分辨率图像的过程就是超分辨率重建。从算法处理技术角度看，融合不同尺度的图像进行分辨率增强，是获得超分辨率图像的主要研究方法之一。在二维图像超分辨率技术研究基础上，三维重建模型可以通过融合不同尺寸点云模型来获得。有学者提出了三维几何数据的渐进分辨率链式模型，即借助曲面映射的方法，将三维超分辨率问题转换到二维平面上，取得了较好的实验效果。在点云处理技术中，点云拼接技术是通过建立全局坐标系，将目标各局部点云模型进行拼接以获得完整模型。

1.3　计算机视觉中的技术研究综述

基于皮肤图像的视觉技术属于交叉研究领域，涉及计算机视觉、计算机图形学、图像处理、模式识别等多学科。这里仅对基于图像点特征的三维重建中涉及的核心方法理论进行阐述。

1.3.1 图像特征点检测、描述及匹配

图像特征点对应（Feature Point Correspondence）指的是图像间稀疏的像素坐标对应关系。图像特征点对应是基于图像点特征的三维重建方法的基础，通常包括图像特征点检测、图像特征点描述和图像特征点匹配等主要步骤，以下将详细阐述。

1. 图像特征点检测

三维重建中图像特征点检测的目标是检测图像中稳定的兴趣点（Interest Point），并确定其位置、方向、尺度等仿射变换参数的过程。较为常用的特征点检测算法包括 Laplacian 检测算法、用两个不同尺度的高斯滤波器的差值近似 Laplacian 算法的 DOG（Difference of Gaussian）检测算法以及根据梯度协方差矩阵检测图像中角点位置的 Harris-Affine、Hessian-Affine 等检测算法。基于 DOG 的特征点检测方法——尺度不变特征变换（Scale-Invariant Feature Transform, SIFT）是目前性能最好的特征点检测算法之一。由于 SIFT 特征具有可重复性、对某些几何和摄影图像变换的不变性，所以适合多视图的匹配。SIFT 特征点检测的主要流程为：首先对输入图像进行 DOG 滤波，然后搜索滤波后图像中像素灰度的所有极大值和极小值，这些极值对应的像素坐标即为特征点坐标，当特征区域的大小与 DOG 滤波宽度大致相当时即呈现极值。为了检测不同尺寸的图像特征，SIFT 在多个尺度下探测图像特征，从而实现尺度不变性。

2. 图像特征点描述

为了描述所检测到的图像特征点，通常提取特征点周围的一块区域，并利用特征向量值作为特征描述符（Feature Descriptor）来描述该区域。在某些特定拍摄条件下，如矫正（Image Rectification）过的立体图像对，其对应的像素对在相应图像中的坐标仅在水平方向上有差异。在这种情况下，可以使用搜索窗口内的像

素差异平方和（Sum of Squared Differences，SSD）、归一化互相关性（Normalized Cross- Correlation，NCC）等误差测度来计算特征点周围区域的相似度。在不控制拍摄条件的情况下，由于相机位置的变化，同一图像特征的方向、尺度往往会发生变化，有时还会出现仿射变形，因此，需要采用更有效的特征描述手段。

Mikolajczyk 和 Schmid 对多种特征描述符的性能进行了系统的对比研究。其中，SIFT 描述符使用图像梯度而不是图像的亮度，因此在添加常数值亮度的情况下，SIFT 描述符具有不变性。SIFT 计算局部图像梯度方向的直方图，并在特征点周围创建 4×4 的直方图方格，每个柱状图包含 8 个梯度方向，因此，SIFT 描述符为一个 4×4×8=128 维特征向量。受 SIFT 思想的启发，Ke 和 Sukthankar 提出一种更简单的图像特征点描述方法——PCA-SIFT。该方法在 39×39 的图像区域上计算图像水平和垂直方向的梯度，然后利用主成分分析法（Principal Component Analysis，PCA）将 3042（39×39×2）维梯度向量降至 36 维。另一种比较有效的算法 SURF（Speeded Up Robust Features）通过采用近似方法计算梯度和积分来提升 SIFT 的速度。此外，具有旋转不变性的特征描述也是近几年的研究热点。

3. 图像特征点匹配

给定图像特征点及其描述符，特征匹配旨在确立特征之间的对应关系。进行特征匹配最简单的方法是直接比较描述符之间的欧式距离，然后选取距离小于一定阈值的特征匹配作为图像对应。但由于设置合适的阈值并不容易，所以上述策略并不常用。另一种策略是通过在特征空间中搜索最近邻来确定匹配关系，因为有的特征可能不存在对应，所以仍然需要设置阈值来剔除误匹配。在有充足训练数据的情况下，不同特征的阈值可以通过学习获得；在训练数据不可得的情况下，通常采用距离比测试来剔除大部分误匹配。

为了提高搜索效率，Gionis 等剔除采用局部敏感哈希（Locality Sensitive Hashing，LSH）算法对特征描述向量建立索引。Shakhnarovich 等对上述方法进行了扩展，使其对特征向量的分布更加敏感，从而提出了一种参数敏感哈希算法。

近年来，又有学者提出将高维特征向量转换为二进制，然后采用可以高效计算的汉明距离来度量特征描述符的相似度。

另一类广泛使用的索引结构是多维搜索树。Muja 和 Lowed 对这类方法进行了对比研究，并提出了一种基于层次 k 均值（hierarchical k-means）树的优先搜索策略。研究表明，在高维近似最近邻（Approximate Nearest Neighbor，ANN）搜索问题中，多随机 k-d 树的性能最优。为了进一步剔除候选匹配中的误匹配，需要采用几何验证。具体而言，通常在随机采样一致（Random Sample Consensus，RANSAC）算法中估计两视图间的基本矩阵，然后通过计算图像匹配与基本矩阵的拟合程度来剔除误匹配。可供选择的基本矩阵的估计方法有归一化的 8 点法、黄金标准法等。通过上述步骤可以确立任意两幅图像之间的稀疏特征点对应关系。对于各图像中的每个特征点，采用深度优先搜索找到它在其他图像中的对应，由此获得的多个视图间的对应称为特征轨迹（Feature Track）。

1.3.2 基于图像的稀疏三维重建

1. 相机定标

三维重建中的相机定标（Camera Calibration）指的是求解相机投影矩阵的过程。相机投影矩阵由相机的内部参数（Intrinsic Parameters）和外部参数（Extrinsic Parameters）共同决定。其中，相机的内部参数包括相机的焦距和主点位置等，确定内部参数的过程通常称为内定标。相机的外部参数指定相机的姿态，由相机的旋转矩阵和平移向量组成，确定相机外部参数的过程通常称为外定标。早期的相机定标方法需要在场景中设置已知维度的定标物体或者模板，利用定标物体上多个三维坐标点与其在图像平面上的投影的坐标之间的约束关系来求解相机参数。尽管这种方法可以获得较高精度的相机参数估计，但是定标物体的嵌入限制了其在部分场合的应用。

另一种更加理想的不需要定标物体的定标方法是自定标（Self Calibration）。

自定标的概念是 Mybank 和 Faugeras 等学者率先提出的，该方法不仅不需要定标物体，也不需要任何场景的先验知识，故可以满足更多实际应用的需求。Mybank 和 Faugeras 等的方法利用绝对二次曲线（Absolute Conic，AC）及其对偶（Dual Absolute Conic，DAC）成像的不变性，证明了两幅图像之间存在两个形如 Kruppa 方程的二次非线性约束，可以实现内部参数不变的相机自定标。Kruppa 方程的自定标算法在随后的研究中得到广泛关注。然而，由于该方程的解对噪声非常敏感，且解的个数随图像数量的增加以指数方式增长，限制了其在许多实际场合的应用。Heyden 和 Pollefesy 等的进一步研究表明，在相机内部参数变化的情况下，实际相机自定标在理论上也是完全可行的。尽管自定标技术理论本身已经趋于成熟，但是算法的鲁棒性和实用性仍然是自定标技术的难点。

2. 运动推断结构

运动推断结构（Structure from Motion，SfM）指的是在相机内部参数已知的情况下，同时恢复相机的外部参数和三维场景结构的过程。有的文献中也称这一过程为结构和运动。其最常用的方法是由 Snavely 等于 2008 年提出的，该方法采用相机姿态估计来初始化相机参数；采用新的启发式方法选择初始两视图；引入三维重建点筛选过程剔除质量较差的重建结果；使用从图像文件标记中提取的焦距信息。该方法与对应的 SfM 软件结合，验证了采用小孔成像模型来近似真实过程的合理性，且充分展示了在弱定标情形下采用集束优化（Bundle Adjustment，BA）对相机参数和场景结构求精的可行性。Bundle 被视为目前性能最好的 SfM 之一，它不仅绕开了自定标过程，为三维重建相关研究奠定了基础，也使许多研究把重心从自定标转向最优化结构估计等问题，促进了鲁棒、最优三维重建理论的发展。

由于真实图像匹配中不可避免地引入误匹配，图像特征对应中出现了外点（Outlier）。在没有外点控制的情况下，三维重建结果中包含大量噪声。处理外点的常用方法是 RANSAC，该方法只能探测两个图像对应中的外点，对于多视图中可能出现的长轨道图像特征点对应，RANSAC 就无能为力了。实际应用中，通常在数据预处理阶段使用 RANSAC 来剔除大多数容易识别的外点，余下的外点的处理则需要更加精确的算法。

1.3.3 立体视觉稠密匹配三维重建

双目立体视觉测量的基本原理是，同时从两个不同的视角观察同一物体，从获取的二维图像上提取两个视角下的匹配信息，通过三角测量原理进行空间三维点集的坐标求取，以获取空间物体的三维结构信息。双目立体视觉的测量原理如图 1-11 所示。

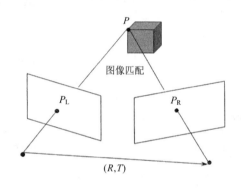

图 1-11　双目立体视觉的测量原理

其中 P 为空间中的一点，其在左右摄影机中的投影点图像坐标分别记为 $P_L(x_L, y_L)$ 和 $P_R(x_R, y_R)$，点 P_L 和 P_R 称为空间点 P 在双目测量系统中的同名点，R 为旋转矩阵，T 为平移矩阵，(R, T) 表示两个观察视觉点之间的位置变换关系。

Scharstein 和 Szeliski 对常用稠密匹配算法进行总结，得出一般稠密匹配算法的流程图，如图 1-12 所示。该算法由四个部分组成。

图 1-12　稠密匹配算法流程图

1. 匹配代价计算

匹配代价计算指的是根据图像的颜色信息计算匹配单元的相似度，常用的方法是计算颜色差绝对值（SAD）或平方（SSD），通过找出最小值得到匹配单元。

该方法计算简单且速度快，但是存在精确度不高的问题。为了得到更高的精确度，有科学家提出多种匹配代价计算方法，Heik 和 Scharstein 比较了几种常用的算法，分析了分层信息代价、三种基于滤波的代价（LOG，Rank 和均值滤波）、归一化互相关代价、采样无关的绝对差代价等六种代价计算方法，经过实验得出：在局部光照影响的情况下，Rank 滤波和 LOG 滤波的效果比较好；而在全局光照影响的情况下，Rank 滤波在基于窗口的匹配中表现最好，归一化互相关代价在基于像素匹配的算法中表现最好。

2. 匹配代价积累

匹配代价积累认为像素周围的视差是相同的，所以将周围像素的匹配代价积聚到中心点上。不过单纯地用矩形框进行积累或仅仅平均计算容易产生误差，因为用矩形框经常会把其他物体包含进来，而平均计算没有考虑离中心越远的点往往对中心的影响越小，并且在物体的边缘会出现颜色的剧烈变化进而影响代价积累结果，因此人们设计了移动窗口和自适应大小窗口来对上述方法进行改进。2005 年，Yoon 和 Kweon 提出一种自适应权值的方法，该算法对匹配窗口内的每一个像素赋予一个权值（通过计算颜色差绝对值的平方以及空间坐标差绝对值的平方，然后进行加成计算获得），然后通过权值和代价相乘进行代价积累，这种方法减少了误差的产生，增加了精确度。

3. 视差计算和优化

根据匹配代价计算像素视差有两种方法。一种是全局的方法，通过视差场约束相邻像素的相互作用得到视差值，根据约束范围可分为一维和二维：一维主要是采用扫描线方法，通过构造优化函数，利用动态规划进行优化；二维是在一维的基础上模拟不同方向相邻像素的作用，该方法可以提高视差精度，但是难以加速。另一种是局部的方法，通过代价计算及代价积累，然后用最小匹配代价作为计算结果。

4. 视差精化

通过上述阶段得到的视差图是粗糙的，只能满足如机器人自动导航等要求不高的应用，但是对于精度要求较高的如基于图像的三维地图重建等应用，需要采用内插或者拟合等方法对视差进行重新估计，以达到更高的精确度。

1.3.4 双目视觉中常用的优化方法

基于图像的三维重建中涉及许多复杂的参数估计问题，为了得到某种准则下的最优估计，需要采用特定的优化算法。相关优化技术大致可以分为两大类：确定性算法和非确定性算法。对于固定的输入，确定性算法的输出唯一确定，而非确定性算法的输出具有随机性。

1. 确定性方法

在确定性优化方法中，最简洁的是可以直接求取最优解析解的算法。对于双目视觉几何中涉及的一些子问题，其目标函数具有简单的形式，故可以直接通过枚举目标函数的不动点（Stationary Point）来确定最优解，例如，对于立体匹配三角化，可求其目标最小化三维点在两个视图中的重投影误差（Reprojection Error）的平方和。其最优三角化对应一个一元六次方程的求根问题，局部极小值个数最多可以达到 3 个。为了获得全局最优解，可以罗列所有局部极小值，然后挑选使目标函数获得最小值的解。

另一类确定性优化方法是迭代算法。常见的数值迭代算法有：GNA（Gauss Newton Algorithm）、GDA（Gradient Descent Algorithm）和 LMA（Levenberg Marquardt Algorithm）等。上述几种算法要求目标函数连续可导，它们已经广泛应用于立体视图几何中的非线性优化问题（如基本矩阵的估计、三角化等）。

近年来发展较快的第三类确定性优化方法是可证全局最优（Provably Globally Optimal）方法，主要包括凸优化方法（Convex Optimization，CO）和分支定界（Branch and Bound，BnB）方法两大类。2004 年，Hartly 和 Schiaffalitzky 率先提出将某些三维重建子问题在无穷范数下建模，并证明此模型下的目标函数存在唯一全局最优解。在此基础上，Kahl 和 Hartley 提出采用凸优化方法高效求解无穷范数几何问题，研究利用凸松弛（Convex Relaxation）技术，设计了分支和界定的方法，求取立体视觉几何中多个问题在二范数下的全局最优解。这类方法对目标函数的具体形式有严格要求，在实际应用中对外点都非常敏感，鲁棒性较差，因此只能解决部分三维重建子问题。在本书相关的皮肤建模研究中，主要使用该方法，用 MRF 模型构建能量函数，通过凸优化方法使函数收敛达到全局最优。

2. 非确定性方法

除了确定性算法，非确定性优化方法在三维重建中也被重视。以差分进化方法为例，有研究人员展示了其在立体视觉重建、多视图重建和相机定标等问题中的应用。非确定性方法的优点是目标函数的形式不受任何限制，可以根据需要设计不同的目标函数。该方法的主要困难是如何提高算法的效率和收敛性。

1.4　本书的主要内容

本书主要论述皮肤图像相关的技术处理方法，引领读者了解皮肤图像的分类、特性及其广泛的应用研究。第 2 章主要从定量和定性两方面讨论皮肤图像的质量评价方法，为精准判断图像分析结果提供量化测评标准。第 3 章主要讨论皮肤纹理的图像特征表示方法，将皮肤图像作为研究对象，从物理建模的角度进行讨论。第 4 章以实例的形式论述皮肤毛孔的检测量化分析实现过程，包括黑鼻头的检测和脸颊毛孔的检测。第 5 章以实例的形式论述人体毛发检测分析量化软件的实现方法，包括毛发的预处理、图像采集、头发检测、发质的量化统计等。第 6 章主要探讨人体皮肤的三维重建方法，以双目视觉立体匹配为例，详细描述了作者在该领域探索的过程，为相关方向的研究提供参考和借鉴。第 7 章主要论述在基于图像序列的三维重建过程中极线校正问题的解决思路。

书中使用的测试图像一部分来自韩国嘉泉大学 CT（Content Technology）实验室，一部分是作者实验拍摄所得，具体将在本书的相应章节中进行详细说明。

第 2 章　皮肤图像的质量评价

影响皮肤图像质量的因素主要包括模糊、光照不均和毛发遮挡等，这几种因素有可能单独存在，也可能同时存在于同一幅图像中。本章将介绍模糊、光照不均和毛发遮挡等因素的失真程度评价，详细论述在毛发提取中常用的几种图像分割算法。

2.1　图像处理的基础知识

2.1.1　图像成像

1. 针孔照相机

图像成像设备的种类很多，与视觉感知相关的设备包括，数码相机、视频摄像机、雷达望远镜、RGBD 深度相机、全景相机和航拍无人机等。其他图像成像设备还有医学诊断成像设备、工业 X 光成像设备、显微镜系统等，这里不对这类设备进行讨论。16 世纪发明的最早的照相机暗箱模型并没有镜头，而是使用一个针孔将光线聚焦到墙上或半透明的屏幕上。几百年来，针孔已被各种镜头代替，如各种定焦镜头、变焦镜头、增倍镜头、鱼眼镜头等。但是成像过程仍然是通过记录光照射到感光器底板的每一个小区域的光强度实现的。

相机将三维世界中的坐标点映射到二维图像平面的过程能够用几何模型进行描述，其中最简单的是针孔模型。针孔模型也被称为理想的透视模型，它描述了一束光线通过针孔之后，在针孔背面投影成像的关系，如图 2-1 所示。这一过程可以简单表述成物理课小孔成像实验，在一个暗箱的前方放着一支点燃的蜡烛，蜡烛的光透过暗箱上的一个小孔投影在暗箱后的方平面上，形成一个倒立的蜡烛图像。下面对针孔模型进行几何建模。

假设 $O-x-y-z$ 为相机坐标系，定义 x 轴向左，y 轴向下，O 为相机的光心，即模型中的针孔。物体表面的一点 P 经过小孔 O 投影后，落在暗箱后方的平面 $O'-x'-y'$ 上，成像点为 P'。设 P 的坐标为 $[X',Y',Z']^T$，并且设物理成像平面到小孔的距离为 f（焦距）。投影轴为虚线 ［图 2-1（a）］，点 P 在投影轴的投影称为物距，用 Z 表示，则根据相似三角形定理得到

$$\frac{Z}{f} = -\frac{X}{X'} = -\frac{Y}{Y'} \tag{2-1}$$

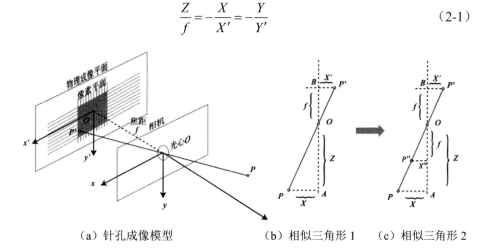

（a）针孔成像模型　　　　　（b）相似三角形 1　　（c）相似三角形 2

图 2-1　针孔相机模型

其中，负号表示成像是倒立的，X 和 X' 方向相反，Y 和 Y' 方向相反。

图 2-1（c）以点 O 为中心把成像 P' 平移到 P''，使长度 $|P'O|=|P''O|$，并且 X 和 X'' 方向相同，Y 和 Y'' 方向相同[图 2-1（c）仅以 $O\text{-}X$ 投影面为例，$O\text{-}Y$ 投影面类似，此处省略]。去掉式（2-1）中的负号，将其改写为

$$\begin{cases} X' = f\dfrac{X}{Z} \\ Y' = f\dfrac{Y}{Z} \end{cases} \tag{2-2}$$

从以上的模型分析中可以看出，物体的空间坐标和图像坐标之间是线性的关系，相机的成像过程涉及世界坐标系、相机坐标系、图像坐标系、像素坐标系以及这四个坐标系的转换。

（1）世界坐标系：是客观三维世界的绝对坐标系，也称客观坐标系。通常用世界坐标系这个基准坐标系描述拍摄相机的物理位置，并且用它来描述安放在此三维拍摄环境中的其他物体的位置，用(X_W, Y_W, Z_W)表示其坐标值，下标 W 是 World 一词的简写。

（2）相机坐标系（光心坐标系）：以相机的光心为坐标原点，其 X 轴和 Y 轴分别平行于图像坐标系的 X 轴和 Y 轴，相机的光轴为 Z 轴，用(X_C, Y_C, Z_C)表示其坐标值，下标 C 是 Camera 一词的简写。

（3）图像坐标系：以图像传感器的图像平面中心为坐标原点，X 轴和 Y 轴分别平行于图像平面的两条垂直边，用(x,y)表示其坐标值。图像坐标系是用物理单位（如毫米）表示像素在图像中的位置。

（4）像素坐标系：以图像传感器图像平面的左上角顶点为原点，其 X 轴和 Y 轴分别平行于图像坐标系的 X 轴和 Y 轴，用(u,v)表示其坐标值。数码相机采集的图像首先是形成标准电信号的形式，然后通过模数转换将其变换为数字图像。每幅图像的存储形式是 $M \times N$ 的数组，M 行 N 列的图像数组中的每一个元素的数值代表的是图像点的灰度，每个元素叫像素，像素坐标系就是以像素为单位的图像坐标系。

2. 双目相机

仅有一张图像是难以确定景物在物理空间具体位置的，只能根据日常生活经验（如物体遮挡情况）判断物体的大小，但由此会产生视觉误差和扭曲，艺术摄影师利用这一特点，拍摄了很多生动的图像，如图 2-2 所示。在图 2-2（a）中的雪山山峰处，蓝天、白云和白雪背景下的帐篷仿佛置于云端；在图 2-2（b）中，空中的云朵给吹号角的骑士铁塑增添了律动感；在图 2-2（c）中，蚂蚁仿佛和直升机在杯中相遇。

（a）云端的帐篷

（b）吹号角的骑士　　　（c）杯子里的蚂蚁与直升机

图 2-2　视觉摄影

　　人眼可以根据左右眼看到的景物差异（或称视差）来判断物体与眼睛的距离。当左右眼所看到的影像传入脑部时，脑部会将两个影像合二为一，形成对物体的立体及空间感，即立体视觉，3D 电影便是利用了这一特点，即从同一水平线的左右两个角度拍摄电影场景。3D 电影放映过程中，在左摄像机前放置红色滤光片，在右摄像机前放置蓝色滤光片，则左眼只能看到左摄像机的图像，右眼只能看到右摄像机的图像，即模拟人的双眼产生视差带来立体效果，如图 2-3 所示。

图 2-3　3D 电影效果

立体视觉是基于视差原理并利用成像设备从不同的位置获取被测物体的多幅图像，通过计算图像对应点间的位置偏差来获取物体在位置空间的三维坐标信息的方法。立体视觉是计算机视觉领域的一个重要课题，其目的在于重构场景的三维几何信息，如无人驾驶汽车周围景物车辆的场景重构等。双目相机是利用同一水平线上的两幅图像重构物体几何信息的设备，其基本原理如图 2-4 所示。双目相机的具体产品样例如图 2-5 所示。

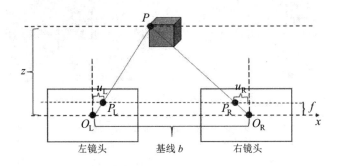

图 2-4　双目相机的基本原理

（a）JEDEYE 双目相机　　　　　　（b）ZED 双目相机

图 2-5　双目相机产品

双目相机一般由左眼和右眼两个水平放置的相机组成，两个相机可都看作针孔相机水平放置，两个相机的光圈中心都位于 x 轴，它们的距离称为双目相机的基线，用 b（base 的简称）表示。因图 2-4 中 ΔPO_LO_R 和 ΔPP_LP_R 是相似三角形，得到下式：

$$\frac{z-f}{z} = \frac{b-u_L+u_R}{b} \tag{2-3}$$

其中，u_L 在图像中心右边，值为负数。

假设 $d = u_L - u_R$，则 $z = \dfrac{fb}{d}$，d 定义为左、右图的水平横坐标之差，称为视差。视差与物距 z 成反比，视差越小，物距越大。由视差像素值构成的图像，如果用色彩灰度值(0,255)显示，则越黑的区域表示的物体离相机镜头越远；反之，离相机镜头越近的物体显示越白。另外，由于视差最小为像素 1，于是理论上双目的深度 z 存在一个理论上的最大值，基线 b 越长，双目能测到的最大距离就越远；反之，只能测量很近的距离。找出两幅及两幅以上图像对应像素间的视差 d 是一件困难的事情，属于"人眼识别容易，机器识别难"问题，由此产生了一系列匹配查找算法。较高层次来讲，解决方向是从局部方法到全局方法，再到非局部方法，现在又出现了基于深度学习的方法。这个问题是计算机视觉研究问题的难点之一。

3. RGB-D 相机

深度图像（Depth Image）也被称为距离影像（Range Image），指将从图像采集器到场景中各点的距离（深度）作为像素值的图像，它直接反映了景物可见表面的几何形状。深度图像经过坐标转换可以转换为点云数据，有规则及必要信息的点云数据也可以反算为深度图像数据。如果在摄像头上安装一个发射装置，该装置向场景目标发射一束光线（通常使用红外光），则相机可根据返回的结构光线曲率变化计算物体和相机之间的距离。这样普通的相机镜头，加一个发射器和一个接收器便组成了 RGB-D 相机，即图像深度相机，其原理如图 2-6 所示。目前主流的 RGB-D 深度相机有微软 Kinect、华硕 Xtion、奥比中光、英特尔 RealSense 等。

目前的 RGB-D 深度相机按原理分为两大类：

（1）通过红外结构光（Structured Light）测量像素距离，如图 2-6 所示。

（2）通过飞行时间法（Time-of-Flight，ToF）测量像素距离。

ToF 的原理和激光传感器十分相似，发射器向目标发射脉冲光，根据发送到目标的光束与返回的光束的时间，确定物体与发射器的距离。RGB-D 相机的输出包括两部分，即彩色图像和深度图。基于红外结构原理的红外光线容易受到日光或其他传感器发射的红外光干扰，因此 RGB-D 相机不能在室外使用。对于透明材质的物体，因为无法接收到返回光线，所以无法获得透明物体的深度图像。此外，RGB-D 深度相机在成本、功耗方面也存在劣势。

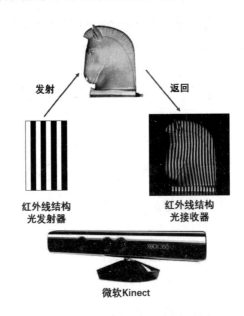

图 2-6　RGB-D 相机原理及产品图

4. 数字图像相关概念

（1）图像的表示。数字图像是从感知数据中产生的。大多数传感器获取的图像信息是连续电压波形，为了产生一幅数字图像，需要把连续的模拟感知数据转换为数字形式，主要包括两个处理步骤，即采样和量化，如图 2-7 所示。

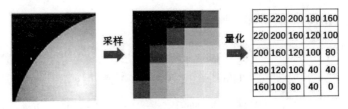

图 2-7　图像的表示：采样和量化

1）采样是对图像空间的坐标离散化，如横向的像素数（列数）为 M，纵向的像素数（行数）为 N，图像总像素数为 $M \times N$，即图像分辨率。图像采样的间隔越小，总像素数越多，空间分辨率越高，图像质量越好。

2）量化是对图像亮度级别的数字化，如，灰度图像从白到黑用[0,255]范围内的 256 个数字表示。量化等级越多，图像层次越丰富，越能展现出画面明暗细节。

（2）图像的颜色。自然景物色彩丰富，对颜色的数字化描述需要建立色彩空间模型。根据不同的应用领域人们建立了多种色彩模型，如彩色电视机系统中的 YUV（亮度色差）模型，工业印刷常用的配色体系 CMY（青、品红、黄）混色模型，显示器常用的 RGB（三原色）模型和 HSV（亮度、色度、饱和度）模型等。这些色彩空间模型之间可以相互转换。由于篇幅有限，我们仅讨论 RGB 模型。

RGB 模型是指计算机显示的任何一种颜色都可以用 R（红色）、G（绿色）、B（蓝色）这三种基本颜色按不同的比例混合而得到，即三原色原理。三种颜色之间是相互独立的，任何一种颜色都不能由其余两种颜色混合得到。由此，数字图像中每个像素的颜色可以看成是由三个分量(R,G,B)组成，而整幅图像 $M \times N$ 的颜色可以看成是由三个 $M \times N$ 的颜色矩阵组成。

（3）图像的描述。描述图像的一种方式是使用数字来表示图像的内容、位置、大小、几何形状。大多数情况下，用一组描述子来表征图像中被描述物体的某些特征。描述子可以是一组数据或符号，定性或定量说明被描述物体的部分特性，或图像中各部分彼此间的相互关系，为图像分析和识别提供依据。这里主要从色彩数字化角度讨论图像的数字表示，分为黑白图像、灰度图像和彩色图像。

1）黑白图像：图像的每个像素只能是黑色或者白色，没有中间的过渡，即像素值为 0、1，故又称为二值图像。

2）灰度图像：每个像素的信息由一个量化的灰度级来描述的图像，没有彩色信息，常见的是[0,255]的等级量化值，或者规范化后[0,1]区间的数值。

3）彩色图像：每个像素的信息由 RGB 三原色构成的图像，其中 RGB 是由各自色彩不同的灰度级来描述的，如 R 从红色过渡到白色取值[0,255]的等级量化值，G 从绿色过渡到白色取值[0,255]的等级量化值，B 从蓝色过渡到白色取值[0,255]的等级量化值。图 2-8 说明了 3×3 的彩色图像的每个像素对应的 R、G、B 具体数值。

$$R = \begin{bmatrix} 255 & 240 & 240 \\ 255 & 0 & 80 \\ 255 & 0 & 0 \end{bmatrix} \quad G = \begin{bmatrix} 0 & 160 & 80 \\ 255 & 255 & 160 \\ 0 & 255 & 0 \end{bmatrix} \quad B = \begin{bmatrix} 0 & 80 & 160 \\ 0 & 0 & 240 \\ 255 & 255 & 255 \end{bmatrix}$$

图 2-8   彩色图像的像素色彩信息

（4）图像的质量。通常图像的质量指被测图像（即目标图像）相对于标准图像（即原图像）在人眼视觉系统中产生误差的程度，包括图像的逼真度和图像的可懂度。人的视觉系统对图像灰度级别、对比度和饱和度的感知属于主观评价。为了排除人的主观判定，我们制定了统一图像质量的标准，这是客观评价。传统的评价方法通过计算恢复图像（编码以后的图像或处理以后的图像）偏离原始图像的（灰度值）误差来衡量恢复图像的质量，最常用的指标有均方误差（MSE）和峰值信噪比（PSNR）。当然还有基于人眼视觉特性的客观评价方法和基于人眼视觉心理特性的客观评价方法等。

（5）图像直方图。图像直方图（Image Histogram）是用以表示数字图像中亮度分布的直方图，标绘了图像中每个亮度值的像素数。在直方图中，横坐标的左侧为纯黑、较暗的区域，而右侧为纯白、较亮的区域。因此一张较暗图片的直方图中的数据多集中于左侧和中间部分，而整体明亮、只有少量阴影的图像则相反。直方图是对图像亮度或者色彩值的统计方法，它统计了每一个强度值所具有的像素个数，是图像中像素强度分布的图形表达方式。摄影工作中，直方图是数码摄影的核心工具，是"摄影师的 X 光片"。人们可以通过直方图数据的分布来调节图像饱和度和对比度，对图像质量进行评价。同时，直方图在计算机视觉中的应用也较为广泛，可以通过标记视频帧与帧之间显著的边缘和颜色的统计变化，来检测视频中场景的变化。色彩和边缘的直方图序列还可以用来识别网络视频是否被复制。

2.1.2　传统图像处理方法

在深度学习方法应用之前，从应用领域角度看，数字图像处理的算法集中解决包括图像变换、图像编码压缩，图像增强、图像复原、图像分割、图像二值化和图像分类及识别等问题。从待处理数字图像的形式看，分析处理算法在空间域和频率域的处理各有不同。图像的空间域主要指组成图像的像素点集合，是对空间像素点的直接操作。图像的频率域是图像像素的灰度值随位置变化的空间频率，以频谱表示信息分布特征。常用傅里叶变换实现图像从空间域到频率域的转换。从使用的算法工具角度，传统数字图像处理经常用到贝叶斯方法、支持向量机（Support Vector Machine，SVM）方法和神经网络（Neural Networks，NN）方法等。下面主要讨论其中几个数字图像处理广为应用的经典工具和方法。

1.　图像滤波器

图像滤波是在尽可能保留图像细节特征的条件下，对目标图像的噪声进行抑制的操作。图像滤波操作通过滤波器进行。滤波器一般用原图像中的多个像素来计算每个新像素，一个滤波器用一个"滤波矩阵"（或"滤波模板"）表示，它的重要参数包括"滤波区域的尺寸""滤波区域的形状"。滤波器通常分为线性滤波器和非线性滤波器。线性滤波包括方框滤波（Box Filter）、均值滤波（Blur）、高斯滤波（Gaussian Blur）；非线性滤波包括中值滤波（Median Blur）和双边滤波（Bilateral Filter）。

（1）均值滤波。均值滤波也称为邻域平均法，它输出包含在滤波器模板邻域内的像素的简单平均值，即把图像像素邻域内的平均值赋给中心元素。图 2-9 所示为 3×3 的滤波模板，模板前的乘数等于 1 除以模板中所有系数之和，这也是计算均值所要求的。使用该滤波器后，原始图像像素的亮度值会重新计算。原图像边缘像素的计算存在边缘模糊的问题，这是均值滤波的缺点之一。

$$\frac{1}{16} \times \begin{array}{|c|c|c|} \hline 1 & 2 & 1 \\ \hline 2 & 4 & 2 \\ \hline 1 & 2 & 1 \\ \hline \end{array}$$

图 2-9　3×3 的均值滤波器

（2）卷积。卷积（Convolution）是两个变量在某范围内相乘后求和的结果。和均值滤波一样，它也是一种线性运算。数字图像是一个二维的离散信号，对数字图像进行卷积操作其实就是利用卷积核（模板）在图像上滑动，将图像点上的像素灰度值与对应的卷积核上的数值逐点相乘，然后将所有相乘后的值相加作为卷积核中间像素对应的图像上像素的灰度值，并最终滑动完所有图像的过程。图 2-10 演示了图像与卷积核计算的过程，并显示了其中一个像素计算后的数值。涉及使用卷积核的计算一定要考虑卷积后图像的尺度问题，滑动步长（即卷积核在图像每次平移滑动的像素数）为 s，原图像大小为 $N_1 \times N_1$，卷积核大小为 $N_2 \times N_2$，则卷积后的图像大小为 $(N_1 - N_2)/s + 1 \times (N_1 - N_2)/s + 1$。

2. 边缘检测

无论是交通管理系统中的违章自动抓拍、显微镜下的细胞识别计数、智能手机拍照中的笑脸抓拍还是抖音滤镜下的美容功能的实现，都离不开图像中的目标分割提取，其中最为基础的算法是边缘检测。图像中事物的边缘是周围像素灰度有跳跃性变化的那些像素的集合。边缘是图像局部强度变化最明显的地方，主要存在于目标与目标、目标与背景、区域与区域之间，因此它是图像分割依赖的重要特征。图像边缘有两个要素，即方向和幅度。沿着边缘走向的像素值变化比较平缓；而沿着垂直于边缘的走向的像素值变化则比较大。根据这一变化特点，在数字图像处理中，通常是利用灰度值的差分计算来近似代替微分运算检测出图像边缘。一般而言，具体的差分计算依然是通过滤波模板来完成的，这些设计出来的不同滤波模板被称为边缘检测算子。实际应用较多的算子包括 Roberts 算子、Prewitt 算子、Sobel 算子、Canny 算子、Laplacian 算子等。

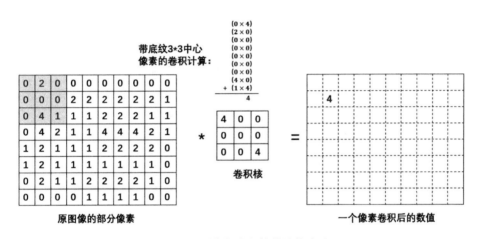

图 2-10　图像与卷积核的计算演示

3. 特征提取

数字图像处理中的特征一般指研究的具体某个像素的特征，或是一些区域的特征。如果算法检查的是图像的一些区域特征，那么图像的特征提取就是算法中的一部分。图像的特征提取分为几个方面，分别为颜色特征提取、纹理特征提取、形状特征提取和空间关系特征提取。

图像颜色特征提取的优点是，对一幅图像中颜色的全局性的分布能简单描述出来，可得到不同颜色的布局在整幅图像中所占到的比例，颜色特征很适合描述难以自动分割的图像以及对不需要考虑图像中物体的空间位置分布的情况；其缺点是，无法对图像中产生的局部分布进行描述，对图像中各种色彩所处的空间位置的描述也难以胜任，即无法对图像中的具体对象进行描述。

图像纹理特征提取方法的优点是，纹理特征提取的是全局性质，因此对其区域性的特征描述具有很好的可行性和稳定性，相比颜色特征提取不会因为局部的一些偏差而匹配失败，同时纹理特征有着良好的旋转不变性，对噪声的干扰有着很好的抵抗能力；其缺点是，当图像的像素分辨率变化明显时，得到的纹理特征偏差会明显增大。

形状特征提取的优点是，可对图像中某个需要的部分进行研究，图像目标的整体性把握良好；其缺点是，若图像上的目标发生变形，则描述的稳定性大大下降，同时由于形状特征也具有全局性，对其进行计算的时间和存储所用的空间要求比较高。

空间关系特征提取的优点是，对静止图像运用空间特征描述效果良好；其缺点是，空间关系特征对图像目标的旋转、图像目标的反转以及尺度变化较为敏感，经常需要和其他特征提取方法配合进行描述和使用。

4. 图像的形态学运算

图像的形态学（Mathematical Morphology）将二值图像看成集合，并用结构元素进行"探测"。结构元素是一个可以在图像上平移且尺寸比图像"小"的集合。基本的数学形态学运算是将结构元素在图像范围内平移，同时施加交、并等基本集合运算。数学形态学的实质是通过图像集合与结构元素间的相互作用来提取有意义的图像信息，不同的结构元素可以提取不同的图像信息。

对于一幅图像，有效的图像处理方法除赋予其相应的数学模型外，在模型空间还必须建立相应的运算结构或者说是代数结构。因此，模型空间代数结构建立的方式对于图像处理必然产生影响。数学形态学摒弃了传统的数值建模及分析的观点，从集合的角度来刻画和分析图像，形成了一套完整的理论、方法和算法体系。在形态学中，待处理图像通常被视为 n 维欧氏空间中的集合。由于在视觉上无法区别一个集合和它在欧氏拓扑下的闭包，可以进一步假定物体的图像是欧式空间中的闭集。

在数字图像处理的形态学运算中，常常把一幅图像或者图像中一个感兴趣的区域称作集合，而元素通常是指一个单个的像素，用该像素在图像中的整型位置坐标 $z = (z_1, z_2)$ 表示。其他的一些基本概念有集合的交、并和补集等。值得一提的是差集，A 与 B 的差集由所有属于 A 但不属于 B 的元素构成，至于包含就是 AB 的子集关系。

图像形态学的运算是由最基本的膨胀、腐蚀、开和闭四种运算及它们的组合运算构成。用这些运算及其组合来进行图像形状和结构的分析及处理，可以解决抑制噪声、特征提取、边缘检测、形状识别、纹理分析、图像恢复与重建等方面的问题。

2.1.3 深度学习与图像处理

人工智能、图像识别、文字识别等领域的不断优化及不断发展都与深度学习有联系。深度学习已经成为各个领域突破技术壁垒、跳跃前进的发展趋势。2012年以来，深度学习极大地推动了图像识别的研究进展，突出体现在 ImageNet ILSVRC 和人脸识别领域，而且正在快速推广到与图像识别相关的各个领域。深度学习的本质是通过多层非线性变换，从大数据中自动学习特征，从而替代手工设计的特征。深层的结构使其具有极强的表达能力和学习能力，尤其擅长提取复杂的全局特征和上下文信息，而这是浅层模型难以做到的。一幅图像中，各种隐含的因素往往以复杂的非线性的方式关联在一起，而深度学习可以使这些因素分开，在其最高隐含层的不同神经元代表了不同的因素，从而使分类变得简单。

深度模型并非黑盒子，它与传统的计算机视觉系统有着密切的联系。它使得这个系统的各个模块（即神经网络的各个层）可以联合学习，整体优化，从而使性能得到大幅度提升。与图像识别相关的各种应用也在推动深度学习在网络结构、层的设计和训练方法各个方面的快速发展。可以预见，在未来的数年内，深度学习将会在理论、算法和应用各方面进入高速发展的时期，期待着越来越多的工作成果对学术和工业界产生深远的影响。

1. 基于深度学习的图像处理技术

深度学习利用卷积神经网络模型来实现抽象表达的过程，其体系结构是简单模块的多层栈 [所有（或大部分）模块的目标是学习]，还有许多计算非线性输入输出的映射。一个典型的卷积神经网络结构是由一系列的过程组成的，如图 2-11 所示。最初的几个阶段是由卷积层（Convolution Layer）和池化层（Pooling Layer）组成，卷积层的作用是探测上一层特征的局部连接，池化层的作用是在语义上把相似的特征合并起来。在实际训练中，池化层一般有两种方式，即 Max Pooling（较为常用）和 Average Pooling。

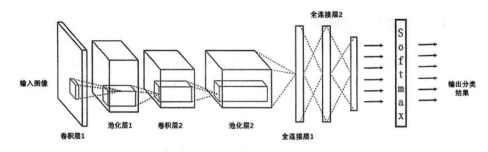

图 2-11　典型的卷积神经网络结构

卷积层的单元被组织在特征图中。在特征图中，每一个单元通过一组叫作滤波器的权值被连接到上一层的特征图的一个局部块，然后这个局部加权和被传给一个非线性函数，如 ReLU（Rectified Linear Unit）。全连接层在整个卷积神经网络中起到"分类器"的作用。如果说卷积层、池化层等操作是将原始数据映射到隐藏层特征空间的话，全连接层则起到将学到的"分布式特征表示"映射到样本标记空间的作用。通过这一层之后可接自定义的一层结构用来进行分类或者回归。

（1）深度学习在图像去噪算法上的应用。由于环境、人为等因素的影响，有时在识别采集到的图像的时候并不能获取有效的信息，这时需要将图片进行一定的优化。利用深度学习模型进行图像去噪处理，主要通过含噪声图像与原图像之间的非线性映射，结合卷积子网收集的特征信息，将这些特征信息进行原图像恢复。对于低信噪比图像的处理，可以利用基于深度学习中的卷积神经网络模型实现对真实场景图片进行的去噪处理，具体实现方法主要是，在多层感知器的基础上，通过深度学习技术对隐藏层部分的参数进行改进，实现对多层感知器模型的优化。模型优化后，使用线形整流函数对激活函数的改进能进一步提高图像质量，尤其是提高了针对高斯噪声下的图像的去噪处理能力。

（2）深度学习在图像分类算法上的应用。图像分类算法一般包括区域划分、特征提取和分类器识别分类三个步骤。其中特征提取是关键的一步，有效的特征提取关系着下一步分类的结果，而反过来结合深度学习进行图像分类的算法设计能够进一步提高特征提取的性能。例如，可以分别从单标记图像和多标记图像两个方面研究深度学习在图像分类算法上的应用，运用主成分分析（简称 PCA）算法先对单标记图像特征进行降维处理，然后结合不同类型的分类器进行分类，从而通过降维处理优化图像分类的性能，这样可以实现多标记图像复杂分类的特征提取。

基于深度神经网络进行图像分类的研究成果越来越实用化。百度公司的搜索引擎应用神经网络技术进行的图像分类识别，精确度已经达到了 90% 以上。百度引擎的广泛应用预示了基于深度学习的图像分类算法是一个目前以及未来还会继续研究的方向。

（3）深度学习在图像增强算法上的应用。作为图像处理的必须阶段，图像增强的结果能够突出图像中的特征区域，完善图像的视觉效果，使得增强后的图像能够更好地被人类和机器进行识别。例如，实践中通过将图像超分辨率技术与深度学习理论结合进行图像增强处理，可对卷积神经网络和快速卷积神经网络的超分辨率算法进行改进；还可以针对不同的场景进行建模，运用场景深度模型可以实现图像的去模糊操作。

2. 特征提取与物体识别

作为机器学习的分支，深度学习最重要的是学习能力。从计算机视觉角度，让机器具有人类视觉识别观察的能力，学习的是图像特征。在深度学习的过程中，卷积层和池化层的主要作用就在于特征提取，某一个卷积核可以用来提取某一特征，这样一次卷积过程可得到这一特征的特征映射（Feature Map），如人脸特征的提取，可以通过设计眼睛卷积核、嘴部卷积核、鼻子卷积核分别对人脸图像进行卷积操作，可以利用综合结果进行人脸识别或者人脸分类。池化层的作用在于将一幅大的图像缩小，同时又保留最重要的特征信息。池化后可以继续进行卷积过程。结合人脸特征的提取，对池化层多个特征映射的操作称为多通道卷积。下面以图像识别字母 X 和 O 为例进行详细说明。

标准书写的字母 X 和 O 位于图像的正中央，并且比例合适，无变形，如图 2-12 所示。在计算机的"视觉"中，一幅图看起来就像是一个二维的像素数组，每一个像素位置对应一个数字。这个例子使用黑白图像，像素值 1 代表白色，像素值 0 代表黑色。对于计算机而言，只要图像稍有一点变化，就可能出现判断误差。那么如何识别手写非正规的字母呢？按照传统图像处理特征提取的方法，可以计算像素的连通域，也可以计算图像的特征角点，如有像素交叉的可认为是字母 X，否则是字母 O。这些角点和连通域的计算过程就是图像的特征提取。

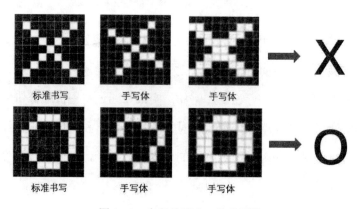

图 2-12　字母的黑白二值化图像

深度学习网络通常将一幅图像进行分割，从中找出小块图像作为特征。进行字母识别时，通过观察可以将字母 X 的图像进行粗分割，无论是标准体还是手写体，都可以找出三个共同的特征像素块，用 3×3 的卷积核表示。如图 2-13 所示，三个特征图像块分别对应三个卷积核，这些特征很有可能就是匹配任何含有字母 X 的图中字母 X 的四个角和它的中心；然后用这三个卷积核对待识别图像分别进行卷积运算；最后得到三个特征映射。在特征映射中，越接近 1 表示对应位置和卷积核代表的特征越接近。一般而言，特征映射体现出来的特征矩阵维度较大，这样就需要进行池化处理，得到维度较小的特征。如在上述例子中，可以用 2×2 的滤波模板，对于最大池化（Max Pooling）而言，就是取输入图像中 2×2 大小的块中的最大值作为结果的像素值。这样特征映射缩小为原来的 1/4。

最大池化保留了每个小块内的最大值，相当于保留了这一块最佳的匹配结果（因为值越接近 1 表示匹配越好）。这也就意味着它不会具体关注窗口内到底是哪一个地方匹配成功。深度学习能够发现图像中是否具有某种特征，而不用在意到底在哪里具有这种特征。这就能够帮助解决之前提到的计算子像素连通域逐一像素匹配的死板做法。通过加入池化层，相当于一系列输入的大图变成了一系列小图，很大程度上减少了计算量，降低了机器负载。

将以上的卷积和池化步骤依次增加多次，即增加了神经网络的学习深度，就得到了深度学习网。

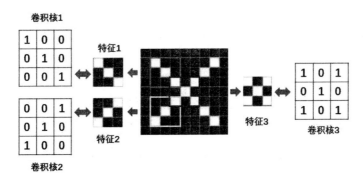

图 2-13　字母图像的特征提取

2.2　图像离焦模糊评价

在皮肤图像采集中经常会由于不聚焦使得采集的图像出现模糊的情况。如图 2-14 所示，该皮肤图像是由 90mm 长焦镜头拍摄得到的，图 2-14（a）有离焦模糊现象，图 2-14（b）为清晰图像。可以通过估计获得图像的散焦半径来对离焦模糊的程度进行评价，离焦半径越大，图像的模糊程度越严重。下面将介绍离焦模糊的退化模型估算方法。

（a）离散模糊图像　　　　　　　　　　　　（b）清晰图像

图 2-14　长焦镜头下的皮肤离散模糊图像和清晰图像

2.2.1　离焦模糊退化函数

点扩散函数（Point Spread Function，PSF）描述了一个成像系统对一个点光源（物体）的响应，是对图像退化过程的一种建模，对应了不同的退化模型。点扩散函数的准确与否是决定图像复原结果优劣的主要因素。离焦模糊是由于成像区域中存在不同景深的对象而造成的图像退化。几何光学的分析表明，光学系统离焦造成的图像退化相应的点扩散函数是一个均匀分布的圆形光斑，其表达式为

$$h(u,v) = \begin{cases} \dfrac{1}{(\pi R)^2}, & u^2 + v^2 \leqslant R^2 \\ 0, & \text{其他} \end{cases} \tag{2-4}$$

式中，R 是离焦半径。

在大多情况下，PSF 可以认为是一个能够表现未解析物体的图像中的一个扩展区块。PSF 是成像系统传递函数的空间域表达。PSF 是一个重要的概念，傅里叶光学、天文成像、医学影像、电子显微学和其他成像技术（比如三维显微成像和荧光显微成像）都有其身影。一个点状物体扩散（模糊）的度（Degree）是一个成像系统质量的度量。在非相关成像系统中（荧光显微、望远镜、显微镜等），成像过程在能量上是线性的，可以通过线性系统理论来表达。

一般的点扩展函数估计是图像恢复中的一个非常困难的问题。以物理建模求解为例，假定照相机不动，图像 $f(x,y)$ 在图像面上移动并且图像 $f(x,y)$ 不随时间变化。令 $x_0(t)$ 和 $y_0(t)$ 分别代表位移的 x 分量和 y 分量，那么在快门开启的时间 T 内，胶片上某点的总曝光量是图像在移动过程中一系列相应像素的亮度对该点作用的总和。如果快门开启时间与关闭时间可以忽略不计，且假设光学系统是完善的，且有下列关系存在：

$$g(x,y) = \int_0^T f[x - x_0(t), y - y_0(t)]\mathrm{d}t \tag{2-5}$$

对式（2-5）两边取傅里叶变换，根据傅里叶变换的空间位置平移性质推导出

$$\begin{aligned} G(u,v) &= \int_0^T F(u,v)\exp\{-j2\pi[ux_0(t) + vy_0(t)]\}\mathrm{d}t \\ &= f(u,v)\int_0^T \exp\{-j2\pi[ux_0(t) + vy_0(t)]\}\mathrm{d}t \end{aligned} \tag{2-6}$$

这里 $j(.)$ 是第一类一阶贝塞尔函数。根据定义：

$$H(u,v) = \int_0^T \exp\{-j2\pi[ux_0(t) + vy_0(t)]\}\mathrm{d}t$$

那么式（2-6）可以表示成

$$G(u,v) = H(u,v)f(u,v) \qquad (2-7)$$

可见，$H(u,v)$ 的表达式就是移动模糊的转移函数。

2.2.2　离焦模糊评价指标

离焦模糊图像退化估计的参数只有一个，即离焦半径。当离焦半径的估计值与真实值相差不大时，可以准确表征图像离焦模糊的程度。事实上，微分模糊图像的自相关函数主要取决于微分点扩散数的自相关函数。离焦模糊半径即是评价离焦模糊程度的指标，离焦半径越大，图像的模糊程度就越高。目前的实际应用中，大多数医学成像软件都带有离焦模糊退化函数的计算功能，可以直接估算出结果。

2.3　光照不均评价

在皮肤图像的采集过程中，在环境光为点光源的情况下，采集的图像会出现光照分布不均匀的情况，给后续处理带来难度，造成指标测试不准确。下面通过估计图像中的光照分量来对光照分布不均匀的程度进行评价。该方法主要根据 Retinex 变分模型提取图像中的光照分量，然后设计一个指标来评价光照不均的程度。

2.3.1　Retinex 变分模型

Retinex 变分模型是一种常用的建立在科学实验和科学分析基础上的图像增强方法，是 Edwin.H.Land 于 1963 年提出的。根据 Retinex 模型，一幅图像 F 由光照分量 I 和反射分量 R 组成：

$$F(x,y) = I(x,y) \cdot R(x,y) \qquad (2-8)$$

式中，$F(x,y)$、$I(x,y)$、$R(x,y)$ 分别代表人眼观察到的图像、光照分量和反射分量。

为了计算方便，对式（2-8）两侧取对数：

$$f = \lg F = \lg I + \lg R = i + r \qquad (2\text{-}9)$$

从式（2-9）看出，只有 f 是已知，那么 i 和 r 是不能求解的，这是一个病态问题（Ill-Problem），即输出结果对输入数据非常敏感的数值分析问题。Retinex 的变分模型是为了解决光照提取问题而提出的，它在原始 Retinex 理论上加入了一些约束。根据该模型，变分函数可以写成：

$$\text{Minimize:} \quad S[i] = \int_\Omega (|\nabla i|)^2 + \alpha(i-f)^2 + \beta\,|\nabla(i-f)|^2\ \mathrm{d}x\mathrm{d}y \qquad (2\text{-}10)$$

$$\text{Subject to } i \geqslant f,\ \text{and}\ \langle \nabla i, \vec{n} \rangle = 0 \text{ on } \partial\Omega$$

其中，Ω 代表图像区域；$\partial\Omega$ 代表图像的边界；$\vec{n}$ 代表边界的法线；α 和 β 是自由参数，它们是非负的实数。$S[i]$ 的最小化是一个二次规划的优化问题，即求解下面的式子：

$$\begin{cases} \dfrac{\partial S[i]}{\partial i} = -\Delta i + \alpha(i-f) - \beta\Delta(i-f) = 0,\ \ i > f \\[2mm] \qquad\qquad i = f \end{cases} \qquad (2\text{-}11)$$

其中，Δ 代表拉普拉斯运算。实际图像处理中用下面的卷积核来近似。

$$K_L = \begin{bmatrix} 0 & 1 & 0 \\ 1 & -4 & 1 \\ 0 & 1 & 0 \end{bmatrix} \qquad (2\text{-}12)$$

2.3.2 光照分量提取

光照分量的提取在人脸检测、人脸识别领域的应用非常重要，受到图像背景的干扰，这个问题比较复杂。人脸图像研究方面基本上可以分为三类提取算法，分别是基于不变特征的方法、光照变化建模的方法和人脸图像光照归一化的方法。

● 基于不变特征的方法是利用人脸的光照不变特征进行人脸识别，一般指利用朗博光照模型从图像中消除光照的影响。

- 光照建模的方法是在一个子空间中表示不同光照引起的变化，并估计参数模型。此类方法计算量大，不能应用于实时的人脸识别系统中。

- 人脸图像光照归一化的方法是利用基本的图像处理技术对光照图像进行预处理，如直方图均衡化和伽马校正等方法。

除人脸外，由于背景单一，放大的皮肤图像只有皮肤及其纹理，光照分量的提取方法也有所区别，可以通过设计滤波器的方法（如高斯滤波的方法、双边滤波的方法、Retinex 变分模型等）进行处理。Retinex 变分模型方法的处理步骤为：①从原始图像中估计光照图像，包括光照的估计和图像归一化；②在对数域里从原图中减去光照图像得到增强后的图像。

高斯滤波算法的边缘保持性差，因此提取出来的光照分量的边缘模糊、细节表现能力较差。双边滤波算法具有较好的边缘保持特性，但是这种算法的运算复杂度过高，从而限制了其在实际工程中的应用。变分框架 Retinex 方法可以准确地提取出变化缓慢的光照分量，但是对于含有光照突变（如含有明确边缘的阴影）的图像的光照分量的提取效果不是很好。在图 2-15 所示的图像中可以明显看到几种滤波方法的优缺点（该图像引自西安邮电大学王殿伟老师的论文）。

（a）女孩图像　　（b）多尺度高斯　　（c）双边滤镜方法　　（d）快速引导
　　　　　　　　　　　函数方法　　　　　　　　　　　　　　　　　滤波方法

图 2-15　不同滤波方法提取的彩色图像的光照分量

2.3.3　光照评价指标

根据设计滤波器的方式提取光照分量处理过程，假设把光照图像 I 分成

$M \times N$ 个矩形块，则对于没有光照不均的图像，相邻块之间的平均灰度差值很小，而光照不均越严重，这个差值会越大。因此，可以使用光照分量的平均梯度（Average Gradient of Illumination Component，AGIC）来评价光照不均的程度。对于块 (i,j)，梯度 $g(i,j)$ 定义为块 (i,j) 与它的 8 个邻域中最大的差值。

$$g(i,j) = \max |h(i,j) - h_k(i,j)|, \quad k = 1,2,\cdots,8 \qquad (2\text{-}13)$$

其中，$i \in \{1,2,\cdots,M\}$；$j \in \{1,2,\cdots,N\}$；$h(i,j)$ 和 $h_k(i,j)$ 分别代表块 (i,j) 和它的第 k 个邻域的灰度均值。

图 2-16 所示是滤波块的尺度为 16×16 时，图像光照分量的提取结构。该图像采集自人的鼻头，是在白色光黑暗环境中拍摄的，原图像的分辨率是 583×596。

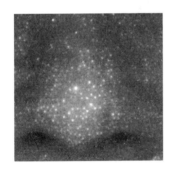 

（a）鼻头皮肤　　　　　　　　　　　　（b）光照分量

图 2-16　采用滤波后的光照分量提取结果

2.4　毛发遮挡问题

毛发生长在皮肤表面，是皮肤图像采集中不可避免的物体。在人的脸部皮肤应用中，无论是脸部皱纹测评、人脸检测和识别，还是黑鼻头检测，面部毛发的影响都可以忽略。但是在皮肤黑色素瘤测评、疤痕测评，尤其是头皮及头发测评时，毛发会遮挡大面积皮肤（图 2-17），这将严重影响图像分割的准确性，最终影响诊断结果。

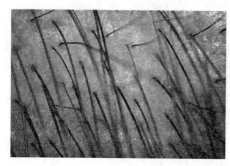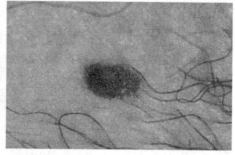

图 2-17　毛发遮挡较严重的皮肤

2.4.1　毛发图像分割方法

图像分割的一个核心问题是如何区分物体和背景。对强度图像，即用像素点强度层级表示的图像（也就是单通道图像），如灰度图像，四种常用的图像分割方法是阈值技术、基于边界的方法、基于区域的方法和连通域的方法。

阈值技术是基于局部像素信息做出决策的技术，当目标的强度水平完全超出背景中的水平范围时，该技术是有效的。然而，由于忽略了空间信息，模糊的区域边界会导致混淆。基于边界的方法以轮廓检测为中心，在连接断开的轮廓线方面的弱点也使得该方法在出现边界模糊时容易失败。基于区域的方法通常这样处理：通过对具有相似强度等级的相邻像素进行分组，将图像分割成连通的区域，然后根据一些可能涉及区域边界均匀性或清晰度的准则对相邻区域进行合并。

过于严格的判定标准会造成过度分割，宽松的判定标准会忽略模糊的边界而产生过度融合。将上述方法混合构建的处理系统也很常用。可以设计一种基于图像连通的松弛分割方法，通常将该方法称为活动轮廓模型。其主要思想是从样条曲线形式表示的初始边界形状入手，构造某种能量函数，通过应用各种收缩/膨胀操作对其进行迭代优化。虽然能量最小化模型并不是新的，但将其与"弹性"轮廓模型的维护相结合会带来一个有意义的新转折。与通常的方法一样，模型收缩陷入局部最小是一个经常遇到的难题，这也是一个较艰巨的任务。

毛发图像分割处理最初的想法是对水平集方法进行改进。但阈值方法优于水平集方法。为此，我们提出了一种基于阈值的分割方法，并利用了改进的基于聚类的 K-means 算法。下面将详细介绍这三种方法的基本原理。

2.4.2　水平集图像分割方法

水平集方法（有时简称 LSM）是一种用于跟踪界面和形状的数值技术。水平集的核心思想是用 Hamilton-Jacobi 方法求解运动隐式曲面的时变函数。在活动轮廓线或者称为前移运动的水平集公式中，当前位置的轮廓线记为 C，用零水平集表示为 $C(t) = \{(x,y) \mid \Phi(t,x,y) = 0\}$，水平集函数为 $\Phi(t,x,y)$。一般情况下，水平集的迭代方程可以表示如下：

$$\frac{\partial \varphi}{\partial t} + F \mid \nabla \varphi \mid = 0 \tag{2-14}$$

这里方程 F 称为速度方程。在图像分割中，方程 F 依赖于图像数据和水平集函数 Φ。图 2-18 描述了水平集的曲线表示形式。

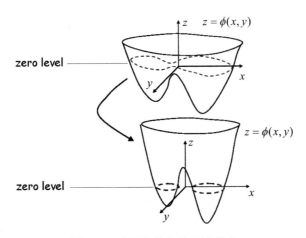

图 2-18　水平集的曲线表示形式

在传统的水平集方法中，水平集函数 Φ 在演化过程中会变得非常尖锐和/或平坦，这使得进一步的计算十分不准确。为了避免这些问题，一种常见的数值解法是，在迭代演化前将 Φ 函数初始化为符号距离函数，然后在演化过程中周期性地将 Φ 函数"重塑"（或"重新初始化"）为有符号距离函数。事实上，在使用传统的水平集方法时，重新初始化过程是至关重要的，也是不能避免的。

当使用水平集作为隐式曲线表示时，C 嵌入为高阶函数的零层集合 $\varphi: \Omega \to \Re$。当表示函数 Φ 的意义时，符号距离函数（SDF）可以表示为：

$$\varphi(x) = \begin{cases} dist(x,C) & \text{if } x \text{ is outside } C \\ 0 & x \in C \\ -dist(x,C) & \text{if } x \text{ is inside } C \end{cases} \qquad （2\text{-}15）$$

图 2-19 描述了时变曲线及其对应的符号距离函数。

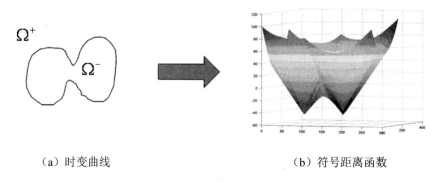

（a）时变曲线　　　　　　　　　　（b）符号距离函数

图 2-19　时变曲线及其对应的符号距离函数

水平集图像分割方法的缺点是分割结果对初始化敏感，即种子位置和种子数目至关重要。例如，当分割细长图像对象时，在对象的一端放置单个种子是不推荐的，因为前端需要很长时间才能计算演化到对象的另一端。一个有效的策略是沿着对象的轴放置几个种子。然而，这通常需要用户有足够的解剖学知识，这是有一定复杂度的判定过程，而且很难追踪曲线的演变阶段，有时需要依据一些经验来设置迭代次数。

2.4.3 阈值图像分割方法

在图像处理的许多应用中，属于对象像素的灰度与属于背景的像素的灰度是不相同的，因此对像素灰度的阈值化就变成了一种简单而有效的工具，它可以将对象从背景中分离出来。阈值操作的输出是一个二值图像，其一个色度状态将表示出前景对象。根据应用的不同，前景可以用灰度 0 表示，换言之，文本是黑色的，背景可以用最高亮度来表示，如在 8 位灰度图像中，亮度是 255。反之，前景用白色表示，背景用黑色表示。图 2-20 显示了一个使用阈值方法的指纹图像分割示例，该例的灰度值 110 定为阈值。

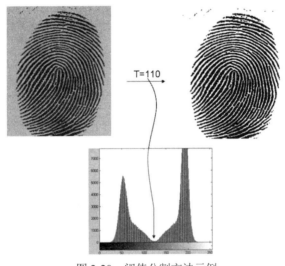

图 2-20　阈值分割方法示例

根据所利用的信息将阈值方法的应用类别分为六类：

第一类，基于直方图形状的方法，如分析平滑直方图的峰、谷和曲率。

第二类，基于聚类的方法，将灰度样本分为背景和前景（对象）两部分，或者交替地将其建模为两个高斯混合模型。

第三类，基于熵的算法，该算法利用前景和背景区域的熵、原始图像和二值化图像之间的交叉熵等。

第四类，基于对象属性的方法搜索灰度与二值化图像之间的相似性，如模糊形状相似性、边缘重合度等。

第五类，基于空间域的方法，在该方法的使用过程中，需研究图像像素之间的高阶概率分布和/或相关性。

第六类，基于局部图像自适应的方法，该方法用一个像素色度值作为阈值来表示一个局部图像的特征。

在头发图像分割算法中，我们提出了一种基于阈值算法的局部迭代方法，得到了较好的效果，详细的算法讨论见第 5 章。

2.4.4 K-means 聚类图像分割算法

聚类是指对样本进行分组的过程，其结果是每个组中的样本都是相似的，这些组称为集群。聚类是一种分离对象组的方法。K-means 聚类将每个对象视为在空间中有一个位置，它查找分区，使每个集群中的对象彼此尽可能靠近，并尽可能远离其他集群中的对象。K-means 聚类需要通过划分的组的数量和距离度量来量化两个对象之间的距离。

K-means 是将 N 个数据划分（或者聚类）成 k 个邻域不相交子集 S_j，子集中的数据 N_j 满足最小平方和的算法，公式表示如下：

$$J = \sum_{j=1}^{k} \sum_{j=1}^{n} \left\| x_i^{(j)} - c_j \right\|^2 \qquad (2\text{-}16)$$

这里，$\left\| x_i^{(j)} - c_j \right\|^2$ 是一个待选点 $x_i^{(j)} - c_j$ 与该聚类中心 c_j 的测量距离，反映了 n 个数据分别与它们所属类别中心的距离。

K-means 聚类可以描述为一种划分方法。K-means 方程将数据划分为 k 个互斥的簇，并返回一个索引向量，指示它分配给 k 个簇中的哪一个，然后从一个簇到其他 k-1 个簇的中心距离的迭代求和算法。K-means 对于不同的支持距离进行度量，如平方欧几里得、城市块、相关、汉明等，但是它们计算簇中心的方法是不同的。

输入图像 D，用 N 个特征向量和 k 个聚类得到 N 个特征向量的 k 个均值向量
（k 个聚类中心）的成员关系。设 $x = (x_1, x_2, \cdots, x_d)$ 为 d 维特征向量，D 为一组
x 的向量，$D = \{x(1), x(2), \cdots, x(N)\}$。假设有数据 D，将 N 个向量分为 k 组，则这
样分组是"最优的"。设 $k\text{-}mean$ 为第 k 个组的平均值（即质心），设 d_i 是向量 $x(i)$
到最近平均值的距离，则每个数据点 $x(i)$ 被分配到 k 个平均值中的一个。$k\text{-}mean$
是所有向量 x "分配给"簇 k 的平均向量，如下述公式所示：

$$k\text{-}mean = \left(\frac{1}{n}\right)\sum x(i) \qquad (2\text{-}17)$$

这里 $k\text{-}mean$ 是向量 $x(i)$ 的和除以聚类类别 k。图 2-21 以经典图像为例演示了不
同的类别 k 对灰度图像的分割结果。

图 2-21　k 不同时 K-means 聚类方法的分割结果

受图像分辨率的影响，分辨率越高的皮肤图像，皮肤及其毛孔、毛发的分割
区域图像强度差别越大。若皮肤纹理的明暗度差别很大，单就皮肤纹理区域就可
以分成多种类型。因此在皮肤毛发分割中，经常会定义三个以上的类型，尽可能
去掉皮肤纹理，以得到完整精确的毛发图像。

第 3 章　皮肤纹理的图像特征描述

3.1　皮肤纹理概述

人体皮肤可以看成是由皱纹、毛孔、痣、斑点以及它们之间的交互组合构成的网状结构，是一种非刚体。其中皮肤皱纹的褶皱根据其深度和宽度可以分为主线皱纹和从线皱纹两大类：主线皱纹较宽较深，在皮肤表层相互平行；从线皱纹较窄较浅，表现为对角线的形式。在高分辨率的皮肤图像中，整个图像看起来色彩不够丰富，皮肤纹理亮度、色彩相似度非常高。手持拍摄仪器，在图像连续采集过程中，受拍摄抖动、光线变化的影响，同一皮肤区域得到的皮肤纹理图像并不完全一致。如图 3-1 所示，该皮肤区域拍摄的放大倍数为 15，为对比方便，图像中划分了由特征点构建的网线，可以看出亮度区域、纹理颜色存在的细微差别。

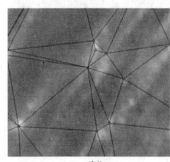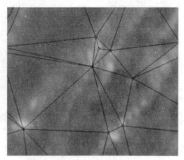

（a）采集 1　　　　　　　　　　（b）采集 2

图 3-1　采集皮肤纹理图像产生的差别

通常情况下，纹理在细节上表现得杂乱无章，毫无规律可循，但是从系统层面来看，纹理会展现出特定的分布。皮肤纹理图像整体内容以纹理为主，纹理脉络清晰，多为明暗对比图像。纹理区域分布着众多纹理线条，占整个图像的大部分。纹理表现的是一种宏观特性，在局部图像上无法得到充分显现，必须选择较大的范围才能观察清楚。依照分布规律，皮肤纹理可以分为有确定性和随机性两种。皮肤纹理延伸情况是各种各样的，而且不同类型的皮肤纹理其特性也不同，这就要求我们应根据不同的应用采取对应的算法来提取纹理信息。

3.2　常用的纹理分析方法

有些图像在局部区域内呈现不规则性，而在整体上表现出某种规律性。习惯上，把这种局部不规则而宏观有规律的特性称为纹理；以纹理特性为主导的图像，常称为纹理图像；以纹理特性为主导特性的区域，常称为纹理区域。纹理特征反映了物体本身的属性，有助于将两种不同的物体（或者两幅图像）区别开来。

纹理分析指通过一定的图像处理技术提取纹理特征参数，从而获得纹理的定量或定性描述的处理过程。常用的纹理特征分析方法一般分为四大类：基于统计的方法、基于模型的方法、基于结构的方法和基于信号处理的方法。下面主要讨论其中有代表性的纹理分析方法。

3.2.1　灰度共生矩阵法

统计分析法的前提是获知图像整体灰度值的分布情况，知道每个像素间灰度的渐变规律，然后在此基础上获取能够反映这些分布关系的特征量。统计分析法的核心思想是根据图像实际情况筛选合适的统计量，分析各个统计量的结果，最后从中判断图像的特征信息。灰度共生矩阵法是一种有代表性和常用的纹理统计分析法。

灰度共生矩阵法是 Haralick 于 1973 年首先提出的，是目前最常见和广泛应用的一种纹理统计分析方法。具体是通过计算灰度图像得到它的共生矩阵，然后通过计算该共生矩阵得到矩阵的部分特征值，这些特征值分别代表图像的某些纹理特征。对于纹理变化缓慢的图像，其灰度共生矩阵对角线上的数值较大；而对于纹理变化较快的图像，其灰度共生矩阵对角线上的数值较小，对角线两侧的值较大。由于灰度共生矩阵的数据量较大，一般不直接将其作为区分纹理的特征，而是基于它构建的一些统计量作为纹理分类特征。

Haralick 等人由灰度共生矩阵提取了 14 种特征，其中最常用的 5 个特征是角二阶矩（能量）、对比度（惯性矩）、相关性、熵（和熵和差熵）和局部一致性指数。若希望提取具有旋转不变性的特征，简单的方法是，在相邻灰度统计时分别取 0 度、45 度、90 度和 135 度的同一特征求平均值和均方差。像素水平相邻时为 0 度，对角相邻时为 45 度，依次类推。一幅图像的灰度级数一般是 256，这样计算的灰度共生矩阵太大。为了减少计算量，在求灰度共生矩阵之前，常常将灰度级数压缩为 16。

3.2.2　Markov 随机场模型

模型法运用的前提条件是相邻像素点之间有某种必然的影响和关联，对这种相互关联的要求不是很苛刻，不管是线性也好，非线性也好，只要现有的模型能够适用即可。常用的模型有 Markov 随机场模型和 Gibbs 随机场模型。

Markov 随机场（MRF）模型是一种描述图形结构的概率模型，是一种较好的描述纹理的方法。它是建立在 MRF 模型和 Bayes 估计的基础上，按照统计决策和估计理论中的最优准则确定问题的解。其突出的特点是通过适当定义的邻域系统引入结构信息，提供了一种一般用来表达空间上相关随机变量之间相互作用的模型，由此所生成的参数可以描述纹理不同方向、不同形式的集聚特征，更符合人的感官认识。MRF 模型及其应用主要有两个分支：一种是采用与局部 Markov 描述完全等价的 Gibbs（吉布斯）分布；另一种是假设满足高斯分布，从而得到一个由空域像素灰度表示的差分方程，称作高斯马尔科夫随机场模型。在实际应用中，基于 Gibbs 分布的 MRF 模型的计算量相对较小，获得了较为广泛的应用。

3.2.3 结构分析法

结构分析方法的基本思想是认为复杂的纹理可由一些简单的纹理基元以一定的排列规则组合而成。这种分析方法主要由两步构成，首先是纹理基元的提取，其次是纹理特征的构造。纹理基元的提取是一件相当困难的事情，许多学者对其进行了研究。

目前纹理基元的提取方法有许多。定义纹理基元的意义对于纹理基元的提取很有用处。通常，纹理基元为图像中具有均匀灰度的区域，一旦纹理基元被提取出来，通常有以下两种方法构造纹理图像的纹理特征。

（1）计算纹理基元的统计特征，并将这些统计特征（或再对其进行统计）作为纹理图像的纹理特征。

（2）推测纹理基元的排列配置规则，这也是结构法的基本思想。推测纹理基元的排列规则是基于形式语言理论的，需要形式语言理论的发展。通常排列规则可由树形文法定义，文法的终端符号为纹理基元，纹理可看作是文法所定义的语言中的一个字符串。由于纹理基元结构性的特点，有时候很难用几何结构来分析自然界的纹理，尤其是不规则纹理，所以该方法的应用和发展极其受限。

3.2.4 小波变换

信号处理的方法是建立在时域分析、频域分析以及多尺度分析的基础上。这种方法是对纹理图像某个区域内实行某种变换后，再提取出能够保持相对平稳的特征值，并以该特征值作为特征，表示区域内的一致性以及区域之间的相异性。信号处理类的纹理特征主要是利用某种线性变换、滤波器或者滤波器组将纹理转换到变换域，然后应用某种能量准则提取纹理特征。因此，基于信号处理的方法也称为滤波方法。大多数信号处理方法的提出都基于这样一个假设：频域的能量分布能够鉴别纹理。信号处理法的经典算法有 Tamura 纹理特征、自回归纹理模型、小波变换等。

小波变换的基本思想是用一族函数去表示或逼近一信号，这一族函数称为小波基，它是通过一小波母函数的伸缩和平移产生其子波来构成的。这样信号的小波分解包含了原信号和逼近分解之间的信息差。将小波变换从一维推广到图像处理的二维情况，则一幅图像可以分解成 $3 \times J + 1$ 幅子图，J 代表小波分解的次数，每幅子图代表不同的频段。对纹理图像进行小波变换后，细致密集的纹理在高频段具有较高能量，粗糙稀疏的纹理在低频段具有较高能量。计算分解后每一子图的信息熵，作为小块的特征度量指标，可以得到图像纹理的多组特征指标。

小波变换方法对纹理进行多分辨表示，能在更精细的尺度上分析纹理。小波符合人类视觉特征，由此提取的特征有利于纹理图像分割，也能够将空间域和频域进行结合来分析纹理特征。主要的问题是正交小波变换的多分辨分解只是将低频部分进行进一步的分解，而对高频部分不予考虑；而真实图像的纹理信息往往也存在于高频部分。小波包分析虽然克服了这一缺点，但对非规则纹理又似乎无能为力；小波变换方法多应用于处理标准或规则纹理图像，而对于背景更复杂的自然图像，由于存在噪声干扰，或者某一纹理区域内的像素并非处处相似，导致正交小波变换往往效果不佳，且计算量较大。

3.3 纹理统计特征分析法

3.3.1 基于图像灰度直方图特征提取法

在灰度图像纹理统计中首先用到的是灰度直方图，它是常见的基本的分析统计法，其表述简单，图表清晰易懂。灰度直方图可用来反映不同灰度占总灰度的平均比值，即常说的频率。它的横轴表示图像灰度等级，纵轴表示该等级的出现次数在总数中的占比。具体计算公式如下：

$$v = \frac{n_i}{n} \tag{3-1}$$

式中，v 表示某灰度的频率；n_i 为灰度像素出现次数；n 为所有像素点数。

3.3.2 中心距法

中心距法是用图像直方图概率分布密度函数 $p_k(f_k)$ 来反映纹理统计信息的方法。令 $f_k = k$（$k = 1, 2, \cdots, N$），N 是灰度最大的那一级，中心距法常用的参量如下所述。

（1）均值（Average）：

$$\mu = \sum_{k=1}^{N} f_k p_k(f_k) \tag{3-2}$$

均值反映的是图像整体灰度值状况，为一种统计值，是用来描述中心距的参数。

（2）方差（Variance）：

$$\sigma^2 = \sum_{k=1}^{N} (f_k - \mu)^2 p_k(f_k) \tag{3-3}$$

方差表示图像灰度偏离平均灰度值的状况，即灰度级的波动情况，可反映纹理曲线的延伸波动程度。

（3）偏度（Skewness）：

$$\mu_3 = \frac{1}{\sigma^3} \sum_{k=1}^{N} (f_k - \mu)^3 p_k(f_k) \tag{3-4}$$

偏度反映的是灰度直方图中关于平均值为中心的直方图分布情况，统计的是偏离平均值的灰度出现的概率分布。

（4）峰度（Peakedness）：

$$\mu_4 = \frac{1}{4}\sum_{k=1}^{N}(f_k - \mu)^4 p_k(f_k) - 3 \tag{3-5}$$

峰值能够清晰直观地展现直方图分布的疏密程度，或集中在平均值周围或分散在灰度级两侧，不同的稀疏度反映图像尖锐度的不同。

（5）熵（Entropy）：

$$H = -\sum_{k=1}^{N} p_k(f_k)\ln p_k(f_k) \tag{3-6}$$

熵表示整体灰度偏离平均值的分离程度。其值越大说明整体灰度越接近于平均水平，图像整体比较平滑。

3.3.3　灰度差值统计分析法

粗细程度也是反映灰度图像纹理的一个参数。图像的空间结构决定了它的粗糙程度，反过来，已知粗糙度就可以提取纹理特性。灰度差值统计直观反映了纹理粗糙度，可以通过它方便地提取局部纹理信息。设灰度图像上某像素点灰度为 $f(x,y)$，邻域另外一点的灰度为 $f(x+\Delta x, y+\Delta y)$，那么它们的灰度差为

$$\Delta f(x,y) = |f(x,y) - f(x+\Delta x, y+\Delta y)| \tag{3-7}$$

假设最大有 L 级灰度差，点 $f(x,y)$ 取所有灰度图像的像素点，根据灰度差公式计算其 3×3 邻域内的差值，计算 $\Delta f(x,y)$ 所有级数内灰度差的次数，然后就可以由此画出 $\Delta f(x,y)$ 的直方图分布，自然也可以求出 $\Delta f(x,y)$ 不同差值出现的概率 $p(\Delta f(x,y))(0 < \Delta f(x,y) < L)$。灰度图像的纹理粗糙度与 $\Delta f(x,y)$ 的大小成正相关性：$\Delta f(x,y)$ 的数值小的情况出现较多时，纹理质量较差；$\Delta f(x,y)$ 波动程度剧烈的情况出现越多时，则皮肤纹理会看起来更细嫩。由上述可见，纹理特征与 $p(\Delta f(x,y))$ 有着密切的关系。由此又衍生出对比度（CON）、角度方向二阶矩

（ASM）、熵（ENT）、平均值（MEAN）等统计量。下面将这些统计量的计算方法
列出：

$$CON = \sum_{m=0}^{L} m^2 p(m)$$

$$ASM = \sum_{m=0}^{L} p^2(m)$$

$$ENT = \sum_{m=0}^{L} p(m) \log_2 p(m)$$

$$MEAN = \frac{1}{L} \sum_{m=0}^{L} mp(m)$$

（3-8）

式中，m 为灰度差；$p(m)$ 表示灰度差 m 的概率。

以上这些统计参数与纹理的实际计算密切相关，m 数值小的情况出现越多，
皮肤纹理往往越粗糙，其 CON 一般偏小；m 数值大的情况出现越多，则皮肤纹理
越细腻平滑，其 CON 一般偏大；$p(m)$ 波动幅度比较小的时候，皮肤纹理分布比较
均匀，没有陡变的状况，同时 ASM 会比较小，而 ENT 则较大。

3.3.4　基于自相关函数的纹理特征提取法

粗细程度也是反映灰度图像纹理的一个参数。图像的空间结构重复度决定了
它的粗糙程度。空间重复度偏小的灰度图像，其纹理往往比较粗；空间重复度偏
大的灰度图像，它的纹理往往比较细。可用自相关函数来表现图像的空间结构重
复度，通过自相关函数来判断纹理的情况。设子图像为 $f(x,y)$，其自相关函数定
义为

$$C(\varepsilon,\eta;j,k) = \frac{\sum_{m=j-w}^{j+w} \sum_{n=k-w}^{k+w} f(m,n) f(m-\varepsilon, n-\eta)}{\sum_{m=j-w}^{j+w} \sum_{n=k-w}^{k+w} [f(m,n)]^2}$$

（3-9）

利用上述公式进行计算时，选取的是 $(2w+1) \times (2w+1)$ 窗口中所有像素点 (j,k) 与
偏离点 (ε,η) 的自相关值。统计意义上而言，纹理比较粗糙的情况时计算出来的相

关值会大于纹理细腻的图像计算出来的相关值。而且，灰度图像纹理比较粗糙时，偏离点 (ε,η) 变大时自相关函数 $C(\varepsilon,\eta;j,k)$ 缓慢变小；但是对于细腻的纹理，则偏离点 (ε,η) 变大时自相关函数 $C(\varepsilon,\eta;j,k)$ 快速变小。保持偏离点 (ε,η) 变化速度不变，$C(\varepsilon,\eta;j,k)$ 的改变过程会每隔一定距离就重复出现一次，即会有周期性，所以可以通过周期值来评判纹理特征。由于具有周期性，可以用自相关函数扩展来映射，所以最终用可以度量的自相关函数扩展参数来表征纹理特性：

$$T(j,k) = \sum_{\varepsilon=-T}^{T} \sum_{\eta=-T}^{T} \varepsilon^2 \eta^2 C(\varepsilon,\eta;j,k) \tag{3-10}$$

3.3.5　游程长度统计分析法

游程长度统计法展现的是纹理空间的统计信息。游程长度就是连续的相同灰度的像素点数目的总和。游程长度的实际意义很丰富，不仅与粗糙度有关，而且也和纹理的走势息息相关。通常情况下，皮肤纹理走向稳定，那么它的游程长度就会比较大。类似的，纹理质量变差，其游程长度也往往变大。设连续的 l 个像素点，它们的灰度一样，都是 f，方向角为 θ，记为 (l,f,θ)。设一幅 $N_1 \times N_2$ 的灰度图像，目标游程为 $N(l,f,\theta)$，全部游程为 N_R，那么二重求和 T_R 为

$$T_R = \sum_{k=1}^{N} \sum_{l=1}^{N_R} N(l,f_k,\theta) \tag{3-11}$$

利用游程长度统计法可以提取以下纹理特征。

（1）短游程优势：

$$SRE = \frac{1}{T_R} \sum_{k=1}^{N} \sum_{l=1}^{N_R} \frac{1}{l^2} N(l,f_k,\theta) \tag{3-12}$$

（2）长游程优势：

$$LRE = \frac{1}{T_R} \sum_{k=1}^{N} \sum_{l=1}^{N_R} l^2 N(l,f_k,\theta) \tag{3-13}$$

（3）灰度分布：

$$GLD = \frac{1}{T_R} \sum_{k=1}^{N} \left[\sum_{l=1}^{N_R} N(l, f_k, \theta) \right]^2 \tag{3-14}$$

（4）游程长度分布：

$$RLD = \frac{1}{T_R} \sum_{l=1}^{N_R} \left[\sum_{k=1}^{N} N(l, f_k, \theta) \right]^2 \tag{3-15}$$

其中，$\sum_{k=1}^{N} N(l, f_k, \theta)$ 表示在 θ 方向上长度为 f_k 的游程的总数。游程长度分布是衡量灰度图像游程分布的指标之一。

（5）游程百分率：

$$RPC = \frac{1}{N_2 \times N_2} \sum_{k=1}^{N_R} \sum_{l=1}^{N_R} N(l, f_k, \theta) \tag{3-16}$$

游程与 RPC 呈负相关性，具体而言，游程越小，RPC 反而越大。

实际使用中，当使用游程长度统计法时，通常使用 θ 为 0°、45°、90°、135° 这几个指定值进行求解，以便使结果更接近反映真实的纹理特性。

3.3.6 局部二值模式法

局部二值模式（Local Binary Patterns，LBP）是简化的纹理谱描述方法，通过统计局部区域结构出现的频次来反映图像的纹理特征。在对纹理进行分析研究时，有时会使用纹理谱这种统计分析法，其研究对象是在图像中选取的目标像素点以及它的邻域，具体是通过总结目标像素点及其灰度级之间的关联，进而统计纹理图像的局部特征信息的过程。LBP 的优点是具有灰度不变性、具有旋转不变性、能够进行多分辨率分析。

1. 局部二值模式法原理

首先，考虑一幅图像上的一个像素点以及该像素点的八邻域。如图 3-2 所示，考虑九宫格内的中心像素点（为 6），其周围像素点的数值如图 3-2（a）所示。这时，将八邻域中数值大于等于中心像素点的记为 1，数值小于中心像素点的记为 0，得到的结果如图 3-2（b）所示，这就是基本的局部二值模式。之所以叫作"二值"，是因为 LBP 之后的模式只有 0 和 1 两个数值（同理，可以定义三值模式）。这样看来，其实 LBP 操作相当于以中心点灰度值做参考，进行局部二值化处理。

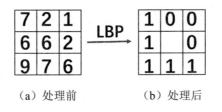

（a）处理前　　　　　（b）处理后

图 3-2　LBP 二值化处理 1

在实际操作过程中，定义图 3-2（a）中心像素为起始点，逆时针方向为正方向，然后按顺序取 LBP 的输出值，便会得到一个 LBP 编码。这样操作后，我们将得到中心像素点的 LBP 值为 11110001。同样，对一幅图像的所有像素点进行 LBP 处理，每个像素点都有一个 LBP 值，这个值在十进制下介于 0 到 255 之间，这样得到的图像称为 LBP 特征图。

2. 灰度不变性

一般情况下，同样的物体具有同样的纹理特征，但不同时间段对物体进行照相，会由于光照的不同导致图像亮度差异很大。皮肤属于非刚体，受光照影响较大。但 LBP 具有灰度不变性的特征，可以抵抗光照变化所带来的影响，下面进行说明。

如图 3-2 所示，图像中心点经过 LBP 变换后得到的 LBP 值为 11110001。将图 3-2（a）所示的图像的每个像素增加 50，结果如图 3-3（a）所示，同样对其进行 LBP 变换后，得到的 LBP 值仍然是 11110001。LBP 特征反映了局部亮度的相对变化，所以整体增加或减少一个值对 LBP 特征并没有大的影响，因此得到结论：差分分布对平均光强不敏感。值得注意的是，该灰度不变性仅仅适用于灰度值的单调变化，即光照的变换必须是线性的。

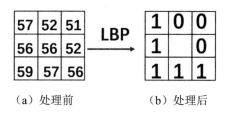

（a）处理前　　　　　　　（b）处理后

图 3-3　LBP 二值化处理 2

3. 圆形局部二值模式

为了更加准确地反映纹理的特性，也会采用"圆形"的局部二值模式。"圆形"是指采样点的选择不同于上述的八邻域。圆形局部二值模式以中心像素点为圆心，R(pixel)为半径画圆，在圆上均匀地选取 P 个点作为采样点。而后面的处理方法与前面的八邻域 LBP 方法一致。图 3-4 所示是 R=1(pixel)，P=8 时的情况。

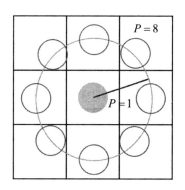

图 3-4　"圆形"的局部二值模式

R 的大小决定了圆的大小，反映了二维空间的尺度；而 P 的大小决定了采样点数，反映了角度空间的分辨率。同样地，也可以改变 R 和 P 的值，实现不同的空间尺度和角度分辨率。这为图像纹理的"多分辨率分析"提供了依据。由于采样点在圆上，所以不一定会准确地落在像素点中，因此需要对采样点位置进行插值以获得采样点的像素估计值。

4. 旋转不变性。

在实际的图像处理过程中，有时会遇到只有方向不同，而实际是同一个模式不同状态的情况，为了克服这种由于旋转而带来的变化，我们引入了"旋转不变性"方法。两种模式各有一个 LBP 值，将这两个 LBP 值分别不断地循环右移，并找到循环右移过程中最小的结果，作为新的 LBP 值。最后将发现，这两种模式得到的新 LBP 值相同，即属于同一种模式，这样便解决了方向变化的问题。其中，"循环右移"的实质是对模式图案不断地进行旋转；"最小化"过程的实质是寻找能量最低的位置。

对于 $P=8$ 的 LBP，一共有 8 个采样点，每个采样点可能输出 0 或 1，所以一共有 256 种局部二值模式。但其中有一些仅仅是方向不同，通过旋转之后可以重合。通过以上旋转不变性处理之后，256 种 LBP 变为了具有"旋转不变性"的 36 种模式。

5. 增强型旋转不变性

实际应用中统计发现，在具有"旋转不变性"的 36 种模式中，跳变不大于 2 的模式只有 9 种，反映了平坦或边缘区域；其余 27 种模式的跳变值均不小于 4，说明图像灰度值变化剧烈（不常见）。因此，对于一般 LBP 进行处理时，跳变用 U（Uniform）表示，将 U 值不大于 2 的 LBP 每个单独分为一类，而对于 U 值不小于 4 的 LBP 全部归为一类，这样一共有 $P+2$ 类。分类公式如下：

$$LBP_{P,R}^{riu2} = \begin{cases} \sum_{p=0}^{p-1} S(g_p - g_c) & \text{if } U(LBP_{P,R}) \leqslant 2 \\ P+1 & \text{其他} \end{cases} \tag{3-17}$$

对于 $P=8$ 的情况下，原先分好的 36 个 LBP 就变成了 10 类。

6. 非参数化分类原理

对于一幅图像，每个像素点均可以根据上述方法计算出一个 LBP 值，从而将

这个像素归为（P+2）类中的一类。这样得到一个特征图，图中每点的数值代表
像素点的类别，范围为 0～（P+1）。统计后的纹理特征为 LBP 类别特征图的直方
图，如图 3-5 所示。

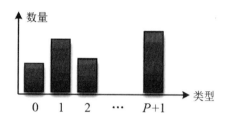

图 3-5 LBP 类别特征图的直方图

假设用 S 表示样本图像，待匹配的模型记为 M，b 代表类别，取值为 b=1,2,...,B,
其中 B=P+2。使用最大对数似然（log-likelihood）统计方法，则样本 S 和模型 M
的匹配程度表示：

$$L(S,M) = \sum_{b=1}^{B} S_b \log M_b \tag{3-18}$$

3.4 基于纹理不变特征的图像匹配方法

图像匹配的目标就是确定包含同一场景的两幅图像之间的对应关系。它是
计算机视觉领域中的一个基本问题，同时也是其他许多领域（包括目标识别与
跟踪、图像拼接、三维重构等）的重要基础和关键步骤。下面主要讨论一种新
的基于局部不变特征的匹配方法。在特征点检测方面，采用高斯差分（DOG）
进行检测；在特征描述方面，通过计算每个特征点邻域内像素点的 Haar 小波响
应来确定它的主方向和特征向量；在特征匹配方面，采用最近邻距离比值法对
特征向量进行匹配。

3.4.1 皮肤特征点的检测

对于二维图像 $I(x, y)$，其尺度空间 $L(x, y, \sigma)$ 可由该图像与高斯核 $G(x, y, \sigma)$ 的卷积得到：

$$L(x, y, \sigma) = I(x, y) * G(x, y, \sigma) \quad\quad (3\text{-}19)$$

$$G(x, y, \sigma) = \frac{1}{2\pi\sigma^2} e^{-\frac{x^2 + y^2}{2\sigma^2}} \quad\quad (3\text{-}20)$$

其中，高斯核中的方差 σ 是尺度因子，决定着图像被平滑的程度，连续改变 σ 就能构造图像的高斯金字塔。高斯差分（DOG）空间 $D(x, y, \sigma)$ 是高斯金字塔中相邻尺度空间函数之差，即：

$$D(x, y, \sigma) = L(x, y, k\sigma) - L(x, y, \sigma) \quad\quad (3\text{-}21)$$

其中，k 表示相邻尺度空间的尺度比例系数。所有的 DOG 空间就构成了高斯差分金字塔，然后检测金字塔的中间层（最底层和最高层除外）中的每个像素点，如果一个像素点比相邻 26 个像素点（同层的 8 个、上一层和下一层各 9 个）的 DOG 值都大或都小，那么该点就是一个局部极值点，则将它作为候选特征点。为了使特征点的位置和尺度达到亚像素级别，需要对 DOG 空间函数 $D(x, y, \sigma)$ 的泰勒二次展开式进行拟合。设极值点 $X_0 = (x_0, y_0, \sigma_0)^{\mathrm{T}}$ 经过修正后的位置为 X'，则 $X' = X_0 + \hat{X}$，这里 $\hat{X}$ 表示亚像素偏移量，其计算公式如式（3-22）所示。

$$\hat{X} = -\left(\frac{\partial^2 D}{\partial X_0^2}\right)^{-1} \frac{\partial D}{\partial X_0} \quad\quad (3\text{-}22)$$

最后，为了提高特征的独特性和稳定性，需要剔除低对比度的特征点以及不稳定的边缘特征点。

3.4.2 基于 Haar 小波的特征描述

对特征点进行描述一般分为两个步骤：首先为特征点确定一个主方向，然后根据其邻域信息生成特征向量。

1. 特征点主方向的确定

首先以特征点为中心，取半径为 6σ （σ 为特征点的尺度）的圆形区域内的所有像素，计算 x 和 y 方向上边长为 4σ 的 Haar 小波响应 d_x 和 d_y，并利用以特征点为中心的高斯函数对它们进行加权，使得靠近特征点的像素响应贡献大，而远离特征点的像素响应小，这样每个像素都有一个对应的 Haar 小波响应点 $p(d_x,d_y)$。然后通过一个大小为 $\pi/3$ 的扇形滑动窗口对所有小波响应进行求和，取长度最长的矢量所指向的方向作为特征点的主方向，如图 3-6 所示。

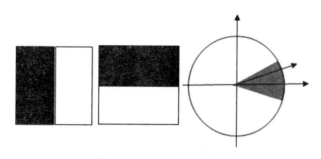

图 3-6　Haar 小波及其响应

2. 特征向量的生成

首先取一个以特征点为中心、大小为 20σ 的方形区域，为了保证提取的特征向量具有旋转不变性，需要旋转该区域使之与特征点的主方向平行。然后将该方形区域分割成 4×4 的子区域，在每个子区域中统计 x 和 y 方向上加权的 Haar 小波（边长为 2σ）响应 d_x、d_y。通过求解子区域中 d_x、d_y 的和以及 d_x、d_y 绝对值的和来生成特征向量。为了保持特征向量的良好独特性并减少其计算量，根据 Haar 小波响应的几何特性，将每个子区域分成 4 个方向（x 轴正、负方向和 y 轴正、负方向），然后将该子区域中的每个像素点的 Haar 小波响应投影到对应的方向轴上。令 d_x^- 和 d_y^+ 分别表示小于 0 和大于 0 的 d_x，则它们分别投影到 x 轴负方向和正方向上；令 d_x^- 和 d_y^+ 分别表示小于 0 和大于 0 的 d_y，则它们分别投影到 y 轴负方向和正方向上。分别累加这四个方向轴上的 Haar 小波响应，这样每个子区域生成一个 4 维的矢量 $v = (\sum d_x^-, \sum d_y^-, \sum d_x^+, \sum d_y^+)$，四个区域可以合并成一个 64 维的特征向量，最后对此特征向量进行归一化，以去除光照影响。

3.4.3 特征稀疏匹配

提取两幅图像的特征点后，以特征向量的欧式距离作为相似性度量，采用最近邻距离比值法进行特征点匹配。利用某种搜索算法（如 K-D 树算法、哈希法、全局遍历搜索算法）在另一幅图像中找到与待匹配点距离最小和次最小的特征点，如果最小距离与次最小距离比值小于某个阈值，则认为待匹配点与距离最小的点匹配。降低阈值，匹配点对数目会减少，但更加稳定。

3.4.4 实验结果分析

实验环境如下：计算机 CPU 为 Intel 双核处理器（2.90GHz），内存为 2GB，操作系统为 Windows 10，在 Visual Studio 2015 平台下借助 OpenCV2.0 库进行实验。

为了客观比较方法的有效性，从标准图像数据集中选取代表视角变化、尺度和旋转变化、光照变化的 3 组图像进行实验。对于每一组，均选择第 1、2 幅图像。数据集中已给出同组两幅图像间的单应矩阵 H，设 p_A 和 p_B 是检测得到的一对匹配点，若 $|p_B - Hp_A| < 4\,pixel$，则 p_A 和 p_B 是正确匹配点，否则，它们是一对误匹配点。

实验中将该算法的匹配结果与 PCA-SIFT、SURF 和 MSOP1 三种经典的快速匹配算法进行了对比。为了简化匹配的搜索过程，有研究将特征点集按照 Hessian 矩阵迹的正负号分成两组，从而加速匹配过程。另外，有实验将 Haar 小波变换作用于每个特征向量，然后用变换结果的前 3 个系数建立一个 3 维的哈希表，从而对特征点集进行分组来提高匹配效率，但是匹配率会降低约 10%。

为了分析这几种算法的匹配率以及在特征检测和特征描述上的时效问题，实验均采用遍历搜索算法寻找匹配点，而且最小距离与次小距离之比的阈值均设置为 0.45，表 3-1 至表 3-3 所列分别是在不同变化因素下的对比结果。

表 3-1 在视角变化下的对比结果

项目	PCA-SIFT	SURF	MSOP	实验算法
特征点数/个	(2523,2691)	(2358,2598)	(2280,2443)	(2153, 2461)
总匹配数/个	212	276	214	443
误匹配数/个	9	26	8	14

表 3-2 在尺度和旋转变化下的对比结果

项目	PCA-SIFT	SURF	MSOP	实验算法
特征点数/个	(6673,6073)	(3987,4078)	(4253,4193)	(6266,5789)
总匹配数/个	226	253	209	664
误匹配数/个	9	13	11	10

表 3-3 在光照变化下的对比结果

项目	PCA-SIFT	SURF	MSOP	实验算法
特征点数/个	(912,1788)	(513,781)	(620,689)	(861,1515)
总匹配数/个	193	232	225	454
误匹配数/个	7	4	9	11

图 3-7 给出了四种算法在视角变化下的匹配结果，其中浅色（紫红色线）表示正确匹配点对，深色（蓝色线）表示错误匹配点对。

（a）PCA-SIFT 的匹配结果

图 3-7 视角变化下的四种算法的匹配结果

（b）SURF 的匹配结果

（c）MSOP 的匹配结果

（d）算法的匹配结果

图 3-7　视角变化下的四种算法的匹配结果（续图）

　　从表 3-1、表 3-2 和表 3-3 可以看出，在相同条件下，实验中的算法得到的匹配数和匹配正确率明显高于另外三种算法，这说明新算法在视角变化、尺度旋转变化和亮度变化下匹配性能要优于 PCA-SIFT、SURF 和 MSOP 算法。

实验中还将算法的运算速度与 PCA-SIFT 算法、SURF 算法和 MSOP 算法进行了比较，具体结果见表 3-4。四种算法均在同一图像上只提取 2000 个特征点并构建它们的描述向量，然后复制这个描述向量集，最后对两个完全相同的向量集进行匹配。从表 3-4 所列的结果来看，四种算法匹配速度相差不大，但对于特征检测和描述的总时间消耗，本实验的算法明显小于其他三种算法。

表 3-4　四种算法的速度比较

项目	PCA-SIFT	SURF	MSOP	实验算法
特征点数/个	2000	2000	2000	2000
特征检测时间/ms	3942	4265	6395	3793
特征描述时间/ms	4876	1863	985	1165
特征匹配时间/ms	2019	2316	2362	2334

第4章 皮肤毛孔的图像分割

　　人体皮肤表面所能观察到的主要结构大致可分为皮肤纹理、皱纹以及毛发等。皮肤纹理是人体皮肤表面微小的、呈多角形的皮丘皮沟，自出生时就存在于皮肤表面。它使得皮肤变得柔韧、富有弹性，并使皮脂腺、汗腺中的分泌物能沿纹路扩展到整个皮肤表面。随着年龄的增长，皮肤将衰老，其纹理的深度将下降，各多角形之间将融合，个数将减少，皮肤表面积将增加。然而，皮肤皱纹却是衰老或过度暴露太阳光等外界因素作用下，后天形成的皮肤老化标志之一。上述皮肤纹理与皱纹的衰老性变化，是由于皮肤变薄、含水量下降、真皮乳头层弹性纤维含量下降及消失、皮肤松弛，以及胶原变性、交联，肌肉重复运动等因素造成的。

　　皮肤诊断系统主要是通过微机的外围摄像头将顾客的面部皮肤图像采集下来，然后由皮肤专家根据专业知识来评价皮肤的好坏。很显然，皮肤诊断系统的智能化程度不高，此类系统对操作员的技术水平要求较高，操作员必须具备一定的有关皮肤症状的专业知识，并且对症状的判断往往依赖于人的主观知识，不同的人可能有不同的诊断结果。因此皮肤表面状况的定量表达和化妆品疗效的定量监测是困扰医生的两大难题。一直以来，医生都是靠主观经验来评估皮肤状况，这就要求其有较高的专业知识，并且要有丰富的经验，然而专家经验本身就是一个瓶颈问题，因此给出的定性结论可能会因人而异，准确率和客观性都存在疑问。

　　下面通过研究对数字皮肤图像的预处理方法及皮肤纹理中毛孔的分割方法进行论述，实验中提取的毛孔数据主要包括面颊皮肤的粗大毛孔和鼻头的黑显毛孔。

4.1　皮肤纹理图像研究概述

　　作者从事过大量的皮肤图像分析研究工作，包括用于化妆品评价的显微镜皮肤图像自动配准系统、皮肤粗大毛孔的检测、皮肤纹理的自动建模等，在这些研究中，皮肤毛孔是皮肤表面的重要特征。在用于化妆品评价的显微镜皮肤图像自动配准系统（下称本系统）中，研究比较了来自同一人体同一位置皮肤表面的两幅图像。一幅是不使用化妆品的情况下采集的图像，另一幅是使用化妆品 4 周后采集的图像，如图 4-1 所示。

（a）不使用化妆品　　　　　　　　　　（b）使用化妆品

图 4-1　显微镜下采集的皮肤图像

　　有效的化妆品可以改善皮肤表面状况，这意味着两个图像的配准是不完全相同的。根据医学研究，皮肤毛孔是遗传的，不能人为改变它们的大小（无论化妆品公司的广告如何宣传）。在对皮肤进行一定的处理后，皮肤的毛孔孔隙看起来可能变大或变小，但其位置和基本特征将保持不变。本系统从两幅图像中选取相同的皮肤毛孔，完成旋转和平移的图像匹配。在皮肤黑毛孔的检测研究中，将提取检测鼻子上的皮肤毛孔，评估当前的皮肤状况，包括黑头的数量和面积。在作者研究的三维皮肤皱纹重建项目中，皮肤毛孔检测可以作为主要特征用来完成准确率非常高的稀疏立体匹配，这一步是在稠密立体匹配之前对图像进行校正的预处理步骤之一。

皮肤纹理精准分析的另一个困难是难以获取清晰度高噪声小的数据。在研究工作中，我们常用带长焦距镜头的数码相机拍照，以获得清晰的皮肤表面。在基于图像的皮肤定量评价工作中，制作了皮肤石膏模型，然后在显微镜下进行拍照。

4.2　皮肤纹理图像的预处理

提取皮肤表面的主要纹理（宏观纹理）属于计算机视觉"感觉"的范畴。但是众所周知，计算机视觉"感觉"数字化一直以来都是计算机视觉中一个世界性的难题。分析皮肤图像的特点，我们发现，利用传统的除噪、增强、纹理分析、形态分析及分割方法都不能满足对皮肤表面的宏观纹理的精确提取。传统的低通滤波滤除了皮肤图像中噪声及其他高频部分，但是背景的低频部分却被保留。此外滤波虽然滤除了高频噪声部分，但是皮肤图像的主要纹理的目标边缘被弱化，这影响纹理的精确提取。传统的纹理分析虽然能对皮肤图像的纹理进行分析，但是很难区分纹理的粗细，其结果常常引起粗细条纹的缠绕。不论宏观纹理，还是包含微观结构的纹理，均不能满足业界对皮肤纹理精确分析的要求。传统的形态分析需要在目标已知的情况下进行，针对未知目标的纹理分析仍是束手无策的。

4.2.1　皮肤表面纹理参数分析的研究现状

皮肤表面本身包括很多物理特性，包括皱纹深度、宽度，皮肤的弹性、颜色、光泽等，相对研究较多的是皱纹深度、宽度。最初的皮肤表面评估是依靠专家的经验定性地进行的分析，专家们用肉眼观察皮肤表面，然后根据经验知识主观地判断皮肤的"好坏"，给出一个定性的描述。此种描述只是针对皮肤的粗糙度进行的，也是很久以来对皮肤评价的唯一标准参数。为了能定量地描述皮肤表面状况，产生了许多方法，目前国内关于皮肤的研究主要有皮肤直接分析法（SELS）、共聚焦显微镜或激光扫描和借助皮肤复制品的间接分析法。

（1）目前皮肤直接分析法是效果最好的，德国的 CK-Electronic 公司采用皮肤直接分析法已推出一系列应用于皮肤表面的参数检测系统，包括皮肤表面三维重现（Skin-VisioMeter SV 500），水分（CorneoMeter CM 825），色斑（MexaMeter MX 16）等，并且其建立的参数系统受到较为广泛的应用。另外还有探笔测试仪方法，用金属探针笔获取皮肤的三维信息，并从机械材料领域引入了有关粗糙度的参数（如 Rt、Rz DIN 等，ISO 标准 4287 或德国 DIN 标准 4762-4768），但这些参数只作为研究参考。韩国的 Cosmanager 公司则提供较强的数据存储管理功能，将被检测者不同时期皮肤的图像保存到数据库中，可以随时调出，对皮肤图像进行对比与分析，通过经验做出主观上的评价。

（2）国外用共聚焦显微镜或激光扫描结合计算机图像分析进行皮肤表面结构研究，能对皮肤表面结构进行精细分析和重现皮肤的三维结构。但是其设备价格昂贵，且检测视野相对较小（$1mm^2$），使它的实际应用受到了限制。

（3）借助皮肤复制品的间接分析法（OP，MP，LP，TP）（也称硅胶法），通过对皮肤膜进行轮廓测量计算出皮肤的粗糙度，达到定量分析皮肤表面状况的目的。这种方法操作起来比较方便，但也存在缺陷，如光学面形测量法（OP），如果表面过于平滑或相反，皮沟数量太多太深，就不能对差异进行测量和分析；机械面形测量法（MP），操作和测试时间较长；激光面形测量法（LP），费用较高；透光度面形测量法（TP），只适用于最深皮沟为 0.55mm 的部位。

4.2.2 皮肤图像的噪声特征分类

人体皮肤图像本身较为复杂，在进行图像采集的过程中又会引入各种外界因素，这些给图像纹理分析工作带来极大的难度。在采集图像的过程中，图像不可避免地要受到外界自然的和人为的因素影响，会引入噪声等。因此，在某种意义上，图像的预处理变得十分重要。图像预处理的目的是为了降低和减少图像的噪声，为后续的工作打下坚实的基础。

在图像处理中，噪声一般被认为是有害的。噪声的来源很多，常见的有动力电引起的频率干扰、电子器件引起的热噪声、对模拟信号抽样所产生的量化噪声以及有限位运算所产生的舍入误差噪声等。按噪声对信号的影响可分为加性噪声和乘性噪声两大类。

任何滤波器都有一定的优点和缺点，因此对于不同的特定应用场合很难说出哪类噪声滤波器最适合。常用的一些滤波器性能测量指标如下：

（1）对于不同类型的噪声的滤波特性。

（2）边缘保护。

（3）细节信息保持。

（4）计算的复杂性等。

边缘保护是滤波器的一个重要性质，其量度是保护边缘的能力。滤波器通常只能增强某一方向上的图像（如可分离滤波器能增强水平和垂直方向的图像）或者增强某种照度特性的图像区域。所有性能测量都是定性测量，它们不能用某种定量标准描述，因此，上述测量都带有相对主观性。在对几种滤波器进行性能比较时，通常都要针对某一给定噪声图像进行滤波，然后用某种测量结果进行比较。

在一些应用领域，如基于计算图像导数算子中，图像中的任何一点噪声都会导致严重的错误。噪声以无用的信息形式出现，扰乱图像的可观测信息。噪声可被译成或多或少的极值，这些极值通过加减作用于一些像素的真实灰度级上，在图像上造成黑白亮暗点干扰，极大地降低了图像的质量，影响图像后续工作的进行，因而对噪声的抑制是图像处理中的非常重要的一项工作。

利用滤波器是噪声抑制处理的主要手段。线性滤波器以其简洁、容易实现而首先被用到。然而，当信号频谱与噪声频谱混叠时或信号中含有非叠加性噪声时（如系统非线性引起的噪声或存在非高斯噪声等），线性滤波器的处理就很难令人满意。许多试验表明，人类视觉系统的第一处理是非线性的。早在 1958 年，维纳就提出了非线性滤波理论。非线性滤波器在一定程度上克服了线性滤波器的上述缺点。由于它能够在滤除噪声的同时，保持图像信号的高频细节，从而得到了广泛的应用和研究。目前已有许多比较经典的非线性滤波算法，如中值滤波及基于中值滤波的改进算法以及层叠滤波、自适应滤波及发展中的数学形态学滤波、神经网络滤波、基于模糊数学的滤波等算法。

4.2.3　皮肤图像的增强方法

采用皮肤检测仪偏振光和自然光进行人脸图像采集时，由于光源聚焦的原因，最终成像的图像在皮肤中间区域较亮、四周区域较暗。同时，根据人体肤色差异以及皮肤上附着的分泌物数量的多少，其亮暗程度也存在差异。并且在皮肤图像中，色素区域边界也较模糊。因此，需要对待检局部皮肤图像集进行增强，减小其亮暗程度的差异，增强图像的色素区域边界，并提高色素区域边界的清晰度，同时尽可能减少干扰信息。

我们使用皮肤检测仪拍摄人脸正面皮肤图像。皮肤检测仪具有 RGB 和 UV 成像技术，1200W 高倍像素，采用的光源为自然光、偏振光和紫外光。使用自然光照射，主要分析毛孔、皱纹与肤色；使用偏振光照射，主要分析表皮层色素沉着；使用紫外光照射，分析真皮层色素沉着。三种光照下人脸皮肤图像如图 4-2 所示。由于痤疮、痣和色斑在皮肤表层的体现，在偏振光下有良好的视觉效果，故选择在偏振光下采集图像。

由于采集的色素区域图像对比度低、光照不均等，不利于色素区域的检测与识别，所以需要对色素区域图像进行增强，减小光照不均的影响，增强对比度。色素区域增强的方法总体上分为两大类：频率域的图像增强方法和空间域的图像增强方法。频率域增强是利用图像变换方法将原来的图像空间中的图像以某种形式转换到其他空间中，然后利用该空间特有性质方便地进行图像处理，最后再转换回原来的图像空间中，从而得到处理的图像。空间域的图像增强方法主要是基于邻域内像素的计算。

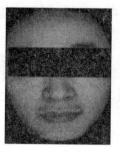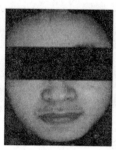

自然光   偏振光   紫外光

图 4-2 三种光照下人脸皮肤图像

下面对线性灰度变换、直方图均衡化和自适应对比度增强方法进行理论介绍与实验分析。

（1）线性灰度变换。设输入图像 $f(x,y)$，$f(x,y)$ 的灰度变换范围为 $[a,b]$，进行线性变换后图像为 $g(x,y)$，$g(x,y)$ 的灰度变换范围为 $[c,d]$，则 $f(x,y)$ 与 $g(x,y)$ 之间存在的函数关系为

$$g(x,y) = \frac{d-c}{b-a}[f(x,y)-a]+c \qquad (4\text{-}1)$$

（2）直方图均衡化。直方图均衡化主要是把原始图像的灰度直方图从比较集中的某个灰度区间变成在全部灰度范围内的均匀分布，对图像进行非线性拉伸，重新分配图像像素值，使一定灰度范围内的像素数量大致相同。设 r 为输入图像灰度，r 的取值区间为 $[0, L-1]$，且 $r=0$ 为黑色，$r=L\text{-}1$ 为白色，在 r 满足一定条件的情况下，可以进行如下变换：

$$s = T(r), \quad 0 \leqslant r < L-1 \qquad (4\text{-}2)$$

对于输入图像，每一个像素值 r 经过 $T(r)$ 变换，输出一个灰度值。$T(r)$ 需要满足以下条件：

1）$T(r)$ 在区间 $0 \leqslant r < L-1$ 上为单调增函数。

2）当 $0 \leqslant r < L-1$ 时，$T(r)$ 的取值范围为 $0 \leqslant r < L-1$。

第一个条件是保证输出灰度值不小于相应的输入值，防止灰度反变换时产生的人为缺陷。第二个条件是保证输出灰度的范围与输入灰度的范围相同。

（3）自适应对比度增强。自适应对比度增强方法的原理是将一幅图像分成两个部分：一部分是低频部分，可以通过图像的低通滤波（平滑模糊）获得；另一部分是高频部分，可以由原图减去低频部分得到。

自适应对比度增强方法的目标是增强图像的高频部分，即对高频部分乘以某个增益值，然后重组得到增强的图像。因此自适应对比度增强方法的核心就是高频部分增益系数的计算，一种方案是将增益值设为一个固定值，另一种方案是将增益值表示为与方差相关的量。

设一幅图像中像素点表示为 $x(i,j)$ ，那么在以 $x(i,j)$ 为中心，窗口大小为 $(2n+1) \times (2n+1)$ 的区域内，其均值 $m_x(i,j)$ 和方差 $\sigma_x^2(i,j)$ 计算如下：

$$m_x(i,j) = \frac{1}{(2n+1)^2} \sum_{k=i-n}^{i+n} \sum_{l=j-n}^{j+n} x(k,l) \tag{4-3}$$

$$\sigma_x^2(i,j) = \frac{1}{(2n+1)^2} \sum_{k=i-n}^{i+n} \sum_{l=j-n}^{j+n} [x(k,l) - m_x(i,j)]^2 \tag{4-4}$$

均值 $m_x(i,j)$ 可以近似为背景区域，则目标区域为 $x(k,l) - m_x(i,j)$ ，把目标区域与增益因子相乘结果为 $f(i,j)$ ，计算如下：

$$f(i,j) = m_x(i,j) + G(x,y)[x(i,j) - m_x(i,j)] \tag{4-5}$$

其中 $G(x,y)$ 为增益因子，通常增益因子为常数或为关于方差的表达式，即

$G(x,y) = \dfrac{D}{\sigma_x(x,y)}$ ，其中 D 为常数。

4.2.4　皮肤图像的光线平衡算法

本书中处理的皮肤图像基本上无背景信息，皮肤纹理一般采用全局光线平衡

算法进行处理。

皮肤纹理受光照影响特别严重。一般而言，在不同光照环境中，同一皮肤部分的纹理即使是轻微光的线位置调整或者亮度调整，图像看起来也可能完全不同。为了解决这个问题，我们提出了一种全局光线平衡算法。该方法对不同亮度比例的各个区域进行补偿，使局部区域的亮度接近整个区域的亮度。

1. 光线平衡算法

设输入图像为 $f(x,y)$，图像大小为 $M \times N$，图像的灰度变换范围为 $[0,L]$。图像的灰度均值记为 Lum_g。将图像平均分成大小为 $m \times n$ 的图像块，计算每一个图像块的灰度均值 Lum_l，则每一个图像块的灰度均值与图像的灰度均值的灰度差值为 $\Delta_{Lum} = Lum_l - Lum_g$。这意味着当图像块整体较亮的时候，其灰度差值大于零；当图像块整体较暗的时候，其灰度差值小于零。在 4.2.3 里提出的算法中，不直接将全局灰度差加到每个图像块上，而是对每个图像块进行插值，直到灰度差值矩阵的大小等于原始图像的大小（$M \times N$）。这样可以计算出每个图像像素与整幅图像的灰度均值的差值。最后，将这个差值补偿到原始图像，我们便可以获得光线平衡后的皮肤纹理图像。具体的全局光线平衡算法计算过程如图 4-3 所示。

2. 实验中有关参数选择的讨论

在全局光线平衡算法的执行过程中，图像块的大小 $m \times n$ 这一参数是唯一的，因此其选择特别重要。下面主要讨论这一参数的选择。

在待处理的皮肤图像（图 4-4）中，整体图像的环形模式较为明显，可以看出其中的场角边缘比中心区域暗，因此我们可以将不均匀照度当作一种附加的低频信号。根据前述的算法，将输入图像看成函数 $f(x,y)$，光线平衡后得到的新图像为 $g(x,y)$，所以 $f(x,y) = g(x,y) + \mu(x,y)$，这里 $\mu(x,y) = \sum_{i=1}^{p+q} \overline{f_i}(x,y) - \overline{f}(x,y)$。图像块的数量 $p \times q$ 分别由 $p = M/m$，$q = N/n$ 取整获得，这里原图像的大小是 $M \times N$，图像块的大小为 $m \times n$。当 $p \times q = 1 \times 1$ 时，意味着 $\mu(x,y) = 0$，即原图像光线均衡，或者未进行光线平衡。

开始

1. 对于图像执行：

    a. 计算图像的灰度均值；

    b. 将图像 S 平均分割为 V 块图像，$S_i^{(1)}, S_i^{(2)}, \cdots, S_i^{(v)}$，并计算每个图像块的灰度均值；

    c. 计算得到图像的差分矩阵 D。

2. 对差分矩阵进行差值计算，直到矩阵的大小为图像的大小 $(M \times N)$。

3. 融合差分矩阵和原始图像 S，得到新的图像，其图像大小为 $(M \times N)$。

结束

图 4-3　皮肤图像的全局光线平衡算法计算过程

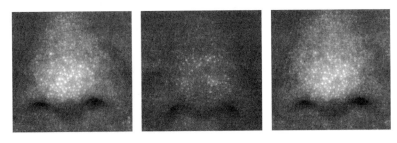

图 4-4　鼻头的黑显毛孔图像

实验中以鼻头图像为例，应选择有效的参数，原图像大小为 583×569，由于原图像长宽比接近 1:1，故以图像块大小 $m \times n$ 中 $m = n$ 为例。参数分别选择为 2、8、16、20、32、50 和 100。图 4-5 显示了参数不同时的光线平衡效果。从图中可以看出，当图像块的大小接近原图像时，光线平衡算法基本上不起作用。

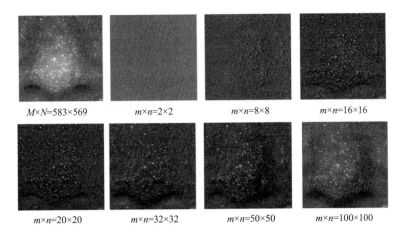

$M \times N = 583 \times 569$　　　$m \times n = 2 \times 2$　　　$m \times n = 8 \times 8$　　　$m \times n = 16 \times 16$

$m \times n = 20 \times 20$　　　$m \times n = 32 \times 32$　　　$m \times n = 50 \times 50$　　　$m \times n = 100 \times 100$

图 4-5　不同参数时的光线平衡算法效果

4.3 皮肤毛孔的图像分割方法

研究中需要分离包括毛孔和皱纹在内的皮肤网格结构，然后可以通过设置阈值的方法从分离的皮肤网格结构中分割毛孔。在图像的分割算法中经常使用能量变换的方法，该方法将像素从灰度空间映射到能量空间，然后通过手工设定参数的方法定义滤波器，以获得较为理想的结果。图像区域收敛的时候利用能量面的法曲率作为演化的主方向，在主方向与法向量垂直的图像位置检测脊线中心线。皮肤毛孔的分割研究不需要提取皮肤的网格结构，皮肤毛孔像素的亮度强度不大于皱纹区域的亮度，因此，在进行全局光线平衡后，可以直接采用有效的图像分割方法提取毛孔图像。由于会分割出一部分交叉皱纹，这里我们设计了比率阈值将交叉皱纹部分移除，下文将详细展开论述。

4.3.1 基于模糊准则的 k 均值方法

通常情况下，模糊 c 均值方法是一种有效的图像自动分割方法。对于无其他物体背景的皮肤毛孔检测，通过减少数据存储空间和简化目标函数，加速模糊 c 均值算法的初始图像分割。模糊 k 均值方法（FKM）是一种无监督聚类算法，它成功地解决了特征分析、聚类和分类器设计等问题。Bezdek 通过一系列目标函数对 FKM 算法进行了推广。对于图像分割，FKM 算法在避免局部极小值方面优于 c 均值算法；FKM 仍然可以收敛到平方误差准则的局部极小值。另一方面，FKM 适合于高维特征空间的数据聚类。基于模糊准则的 FKM 最小化加权平方误差准则函数的定义如下：

$$J_m(U,V,X) = \sum_{i=1}^{c} \sum_{k=1}^{n} u_{ik}^m \parallel x_k - v_i \parallel_A^2, \quad 1 < m < \infty \tag{4-6}$$

其中，$V = (v_1, v_2, \cdots, v_c)$ 是未知聚类中心的向量，$v_i \in R^p$；u_{ik} 的值表示集合

$X = (x_1, x_2, \cdots, x_n)$ 的像素 x_k 对第 i 个聚类的隶属度；由正规矩阵 A 定义的内积是像素数据和聚类中心之间的相似性度量指标；集合 X 的一个非退化的模糊 c 划分可以方便地用矩阵 $U = [u_{ik}]$ 表示。

对所有的 i 和 k，如果 $\| x_k - v_i \|_A > 0$，那么 (U, V) 仅能使 I_m 最小化，当 $m > 1$ 时，I_m 可利用循环方法收敛得到最小值，对于第 $b+1$ 次循环，有

$$v_i^{(b+1)} = \frac{\sum_{k=1}^{n} (u_{ik}^{(b)})^m x_k}{\sum_{k=1}^{n} (u_{ik}^{(b)})^m} \quad \text{for } 1 \leqslant i \leqslant c \tag{4-7}$$

$$u_{ik}^{(b+1)} = \frac{1}{\sum_{j=1}^{c} \left(\frac{\| x_k - v_i^{(b)} \|_A^2}{\| x_k - v_j^{(b)} \|_A^2} \right)^{1/m-1}}, \quad \forall i, j \text{ for } 1 \leqslant i \leqslant c, \ 1 \leqslant k \leqslant n \tag{4-8}$$

当满足条件 $\| V^{(b+1)} - V^b \| < \varepsilon$ 的时候，循环停止。这里 ε 是人为设置的用来控制循环的阈值。

将模糊 k 均值用于实现皮肤毛孔分割软件的时候，FKM 是求解非凸优化问题的终极迭代算法。但是这种算法非常耗时，特别是对于高分辨率的图像。系统开发应用的灵感来自于公式（4-7），其中只有计算出的不同数据的总和是必要的，而不是每个数据。在获得所需的数据和后，不需要存储单个数据。这有助于减少数据存储空间。另一个改进思路来自于公式（4-6），并在实验中得到进一步验证。下列方程给出了线性距离的计算方法：

$$J_m(U, V, X) = \sum_{i=1}^{c} \sum_{k=1}^{n} u_{ik}^m \| x_k - v_i \|_A, \quad 1 < m < \infty \tag{4-9}$$

实验发现，计算线性距离的方法产生了跟式（4-2）几乎相同的结果，聚类中心值与最小二乘法的结果相同。为了加速毛孔分割的速度，在实际的系统开发中，选择线性距离度量以简化计算。

在初始图像分割之后，图像中的像素被标记为 8 连通域。接下来，需要从 8 个连接性标记的图像中对皮肤毛孔和皱纹进行分类。首先计算毛孔和皱纹分类的二

次矩，然后，通过计算行和列的比值来分离皮肤毛孔，具体步骤如下所述。

步骤一，计算分割区域的重心。

图像分割区域的二次矩（μ_1，μ_2）按下式计算，

$$\begin{cases} \mu_1 = \dfrac{1}{p}\sum_{i=1}^{m}(x_i - m_c)^2 \\ \mu_2 = \dfrac{1}{q}\sum_{i=1}^{m}(y_j - m_r)^2 \end{cases} \qquad (4\text{-}10)$$

式中，$p = \sum_{i \in Label} 1$，$p = \sum_{j \in Label} 1$，$(x,y) = \{(x,y) \mid (x,y) \in Label\}$。用 (x,y) 描述标签区域中的像素位置，m_c 和 m_r 分别是列值和行值的平均值。

步骤二，通过计算 μ_1 和 μ_2 的比值对毛孔和皱纹区域进行划分。

从医学角度讲毛孔是用来帮助身体参与物质代谢的，在计算机辅助应用系统中，毛孔可以帮助记录皮肤的表征标识。在不考虑生理意义的情况下，有些皮肤皱纹交叉很容易被当作毛孔。因此，我们按照经验确定一个近似的比率阈值，在该阈值下认定图像区域为毛孔。这个比率定义如下：

$$ratio = \frac{\mu_2}{\mu_1} \times 100\% \qquad (4\text{-}11)$$

对于待识别区域，计算后的比率值为 [0.1, 6.5]，则该区域为毛孔；否则，记为皱纹，在图像分割区域将它移除。

4.3.2　实验过程及其讨论

为了验证毛孔图像分割方法的有效性，实验过程分别用阈值分割法（TS）、模糊直方图算法（FTS）和本书提出的方法（FFKM）对测试图像中的孔隙进行了检测，并对结果进行了比较。实验采用两种类型的图像，一种是用长焦距镜头的数码相机拍摄，包括用于黑头检测的鼻子图像和脸颊图像；另一种是用显微镜拍摄，从皮肤表面取样的石膏铸型图像。皮肤毛孔分割系统在个人计算机上运行，

计算机 CPU 采用 Intel 双核处理器（2.90GHz），内存为 16GB。

对于皮肤图像光线平衡算法，实验采用双三次插值算法对与原始图像大小相同的亮度差矩阵进行插值。在阈值分割法中，首先计算图像的最大灰度值和最小灰度值，然后对这两个值进行平均得到全局阈值。基于模糊直方图的方法通过模糊度指标和图像熵确定阈值。在 FFKM 方法中，$\varepsilon = 0.00001$，我们的实验结果如图 4-6 和图 4-8 所示。在图 4-6 中，A 为原始图像，A_1、A_2、A_3 分别为基于图像 A 未经光线平衡算法处理的 TS、FTS、FFKM 算法的检测结果；B 为经光线平衡算法处理后的原始图像，B_1、B_2、B_3 分别为基于图像 B 的 TS、FTS、FFKM 算法的检测结果。图 4-7 展示了面颊图像毛孔检测的结果，第一行图像为待处理的面颊图像，第二行图像为光线平衡算法处理后的面颊图像，第三行图像为毛孔检测的结果。对于鼻头图像和面颊图像，在皮肤表面只有毛孔，不需要通过一个比例阈值将毛孔和皱纹分开。对于显微镜下的皮肤表面，皱纹的移除处理是必要的步骤。表 4-1 给出了图 4-4 和图 4-6（B）中鼻头图像（尺寸为 512×512）的不同分割方法的运行时间对比，表中给出的值是从几个实验中计算出的平均值。

表 4-1 算法的运行时间对比

图像分割方法	TS	FTS	FKM	FFKM
CPU 运行时间/秒	0.0313	0.1719	16.5274	5.6875

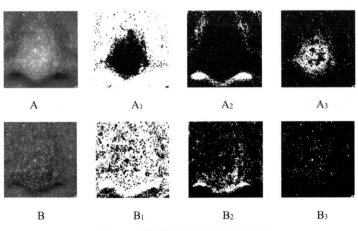

图 4-6 鼻头图像的毛孔检测结果

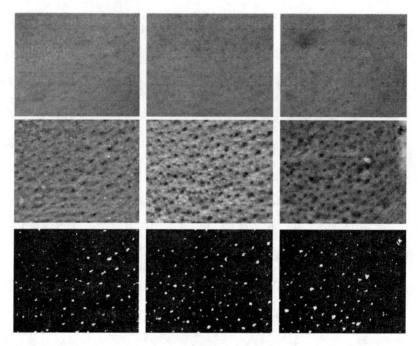

图 4-7　面颊皮肤的毛孔检测结果

在显微镜拍摄图像的处理系统中，图像分割后会得到毛孔和皱纹网络的检测结果，这时候需要将皱纹网格移除，以便提取毛孔特征用于显微镜镜头的自动配准程序。在这类应用中，除了专业的毛孔检测，如鼻头黑头测量，不需要精准检测所有的毛孔皮肤。如前所述，毛孔检测并不是显微镜图像自动配准的主要研究目的。事实上，在显微镜下没有皮肤采样石膏的情况下，对真实的皮肤图像直接处理是一个非常困难的问题。这类实验结果如图 4-8 所示，与真实毛孔位置比较，实验的检测结果漏掉了一部分毛孔。图 4-8 中的 A 图为原始图像，A_1、A_2、A_3 分别为基于图像 A 未经光线平衡算法处理的 TS、FTS、FFKM 算法的检测结果。图 4-8 中的 B 图为经过光线平衡算法处理后的原始图像，B_1、B_2、B_3 分别为基于图像 B 的 TS、FTS、FFKM 算法的检测结果。图 4-9 中 A 为原始待处理图像，B 为移除皮肤图像皱纹后的处理结果。

从图像处理的角度来看，皮肤分析对于基于图像的皮肤纹理和基于模型的皮肤表面的研究领域是一项具有重要意义的研究。在多个与皮肤相关的研究项目中,作者发现毛孔检测对于皮肤测量、皮肤特征提取具有非常重要的意义。全局光线平衡算法是一类非常有效的滤波方法。在此基础上,经典的模糊 k 聚类方法适合于美容整形、皮肤医学的皮肤特征检测,可以提高相关软件系统处理的性能和准确率。

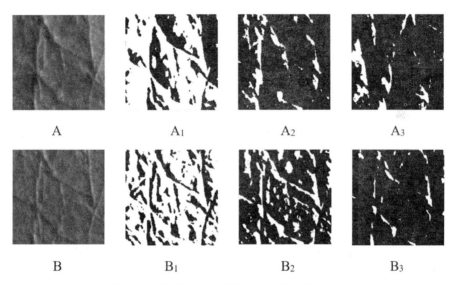

图 4-8　显微镜下皮肤采样石膏图像的检测结果

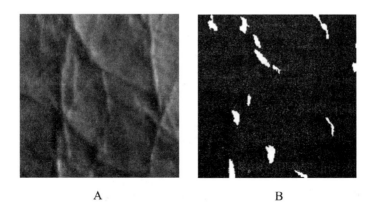

图 4-9　移除皱纹后的检测结果

第 5 章　人体毛发的图像辅助分析

在与皮肤相关的疾病研究和治疗领域，脱发是临床皮肤病学的研究热点。与其他皮肤病的诊断相比，头发治疗效果的检测是一项艰巨的任务。作者在该领域进行了两年左右的专项研究和软件开发工作。在研究了一系列毛发图像辅助分析方法后，作者提出了一系列基于数字图像的头发分析与测量方法和研究框架。对头发图像的处理分析对象包括：感兴趣区域 ROI 的头发数量统计、单根头发直径和单根头发长度。

脱发疾病长期困扰人类的生活，并且很难治愈。从西医到中医，治疗药物和治疗方法种类众多，由此产生了巨大的经济市场。为此，本节将人体毛发作为专门的分析对象。在作者的研究中，为完成毛发的提取工作，提出了基于分而治之设计思想的经典迭代阈值分割法；为实现毛发数量的高精度统计，使用并改进了骨架提取方法；为提高统计精度进而正确地分割交叉毛发，提出了曲率分析法。作者设计开发的人体毛发图像辅助分析系统已在韩国某皮肤分析处理中心使用并运行了多年，证明了该软件系统的有效性和鲁棒性。

5.1　人体毛发图像研究概述

在我们的日常生活中，脱发是一种普遍的现象，以至于很多时候脱发被认为是一种正常的变化，而不是一种疾病。普通人一般一天要掉 50 到 100 根头发。这些毛发会被替换，在头上的同一个毛囊中会重新生长出头发。不过，如果每天脱落的头发不止这些数量，那可能就是出了问题。脱发的医学术语是脱发症，脱发量过多会使一个人的头发明显变薄或出现秃顶。

从医学角度看，正常脱落的头发都是处于退行期及休止期的毛发，由于进入退行期与进入生长期的毛发不断处于动态平衡，故能维持正常数量的头发。脱发是正常的新陈代谢，生活中，每个人都会脱发。而病理性脱发是指头发异常或过度地脱落的现象。经过研究发现，常见的有脂溢性脱发、斑秃性脱发、精神性脱发、内分泌失调性脱发、营养性脱发、化学性脱发等。无论是哪种原因导致的脱发，毛发统计和测量是区分脱发与毛发正常生理变异的重要环节。此外，在医学治疗过程中，定量分析毛发的生长情况也需要进行毛发计数统计和测量。

研究人员最早从 1983 年开始进行脱发测量，他们在医学上全部采用了针对有效区域的选择和分析研究方法。一般而言，他们首先要选择样本毛发区域，通过显微镜观察毛发组织细胞。在 1996 年，Courtois M 等医学专家们采用 Phototrichogram 检测法（PTG）公开发表了 10 名男性受试者（包括秃顶和不秃顶）在 8—14 年内每月观察一次的头发相关数据。PTG 方法最早出现在 1970 年，是一种广泛用于毛发临床实验的高度准确和价格适中的检测技术，该技术可以准测地测量同一头皮范围的毛发量及其毛发直径，甚至可计量不同生长周期的头发，以及进行头发统计运算等。例如，在取样范围为 16.7 平方毫米的头皮，生长期头发占 69%，休止期头发占 31%，该范围发量为 61 根，即约 366 根/平方厘米。

2002 年，Amornsiripanitch S 发明了一种新的方法来测量头发周期的所有参数，称为 DIHAM（头发分析和测量的数字图像）。该方法将有助于确定所有男性和女性头发周期的缺陷。可以对这些缺陷进行一般的随访监测，在具体的治疗和研究中帮助医生找到更好的头发周期控制因素。此外，实验表明，每幅图像有 320 根以上的毛发无法采用人工计数的方法，且采用人工计数方法的重复率达 100%。

人体的头发在图像中的放大率随相机参数设置的不同而不同。例如，在 1600*1200 的图像中大约有 400 根头发，而在分辨率不变的情况下放大头发的图像，头发的数量可以变为 30 根。受头发图像拍摄放大率的影响，在头发分析软件系统中需要设计一种鲁棒性好的图像分割算法。在传统图像分割算法中，有很多算法的性能较好且应用较为广泛，如阈值法、水平集法、k 均值法、分水岭法等。其中的阈值方法在应用过程中选择参数少、效率高、人工干预少。根据阈值方法，本节提出了一种改进的迭代阈值分割方法来进行图像分割，并将其应用于开发的毛发图像辅助分析软件。对于头发数量的统计，则使用一种简单的方法，主要通过骨架选择来细化头发，并记录单个头发的两端以及交叉头发的交叉点。在进行头发定量分析的时候，考虑到图像噪声，采用高斯曲率法来分离交叉头发。接下来将分别展开论述。

5.2   改进的迭代阈值图像分割方法

5.2.1   迭代阈值图像分割方法及其收敛分析

1978 年，Ridler 和 Calvard 两位学者提出基于两类分割问题的迭代选择方法。在第 n 次迭代中，使用感兴趣对象和背景两类图像均值的平均值确定新的阈值 T_n。迭代收敛过程的终止由 $|T_{n+1} - T_n|$ 的差值绝对值决定。当这个差值绝对值足够小时，迭代结束，T_{n+1} 即为这个两类分割问题的阈值。在此观点基础上，学者 Leung 和 Fam 以及后来的学者 Trussel 分别实现了两种类似的方法。学者 Yanni 和 Horne 通过假定的两个峰值的均值 $T_1 = (g_{max} + g_{min})/2$ 改进了阈值的初始化，其中峰值 g_{max} 是最高的非零灰度值，峰值 g_{min} 是最低的非零灰度值。另外一种图像分割迭代的方法是水平集方法。水平集方法是基于曲线从初始定义到完全消失的速度演化而来的，假设初始任意曲线为两类分离边界，可以用一个初始阈值 T_1 来记录，在该方法中，阈值的取值范围是 $[T_1 \sim 0)$。与水平集法相比，迭代阈值法的解空间是 $[T_1 \sim T_{n+1}]$，这实际上是一个很窄的空间。对阈值法的讨论和收敛性分析如下所述。

以二类分割问题为例。假设初始阈值为 $T_1 = (g_{max} + g_{min})/2$，经过第 n 次迭代，当前阈值 $|T_n| = (\overline{G}_{+(n)} + \overline{G}_{-(n)})/2$，其中 $\overline{G}_{+(n)}$ 和 $\overline{G}_{-(n)}$ 分别是 ROI 区域内和区域外图像的平均灰度值。当差值 $|T_{n+1} - T_n| = |\Delta\overline{G}_{+(n)} + \Delta\overline{G}_{-(n)}|/2$ 趋于零时，$\Delta\overline{G}_{+(n)}$ 的计算过程如下：

$$\Delta\overline{G}_{+(n)} = \overline{G}_{+(n+1)} - \overline{G}_{+(n)} = \frac{\iint_{\Delta\Omega} \mathrm{d}x\mathrm{d}y}{\iint_{\Omega_+ - \Delta\Omega} \mathrm{d}x\mathrm{d}y}(\overline{G}_{+(n)} - \overline{G}_{\Delta\Omega}) \tag{5-1}$$

其中，I 是像素的灰度值，其图像坐标为 (x, y)，$\Delta\overline{G}_{\Delta\Omega}$ 是第 n 次迭代过程中区域的平均灰度值。类似地，可以计算 $\Delta\overline{G}_{-(n)}$，过程如下：

$$\Delta\overline{G}_{-(n)} = \frac{\iint_{\Delta\Omega} \mathrm{d}x\mathrm{d}y}{\iint_{\Omega_- + \Delta\Omega} \mathrm{d}x\mathrm{d}y}(\overline{G}_{\Delta\Omega} - \Delta\overline{G}_{-(n)}) \tag{5-2}$$

随着迭代执行，感兴趣的目标区域逐渐缩小，直到目标被当前阈值从背景中分离出来。假设在 $[0\sim255]$ 范围内，目标对象的灰度值小于背景值，存在 $\overline{G}_{+(n)} - \overline{G}_{\Delta\Omega} \leqslant 0$，而且 $\overline{G}_{\Delta\Omega} - \overline{G}_{-(n)} \leqslant 0$，因此 $\Delta\overline{G}_{+(n)} \leqslant 0$，$\Delta\overline{G}_{-(n)} \leqslant 0$。将公式 （5-1）和（5-2）合并后得到：

$$\Delta\overline{G}_{+(n)} + \Delta\overline{G}_{-(n)} =$$

$$\iint_{\Delta\Omega} \mathrm{d}x\mathrm{d}y \cdot \left[\frac{1}{\iint_{\Omega_+ - \Delta\Omega} \mathrm{d}x\mathrm{d}y}(\overline{G}_{+(n)} - \overline{G}_{\Delta\Omega}) + \frac{1}{\iint_{\Omega_- + \Delta\Omega} \mathrm{d}x\mathrm{d}y}(\overline{G}_{\Delta\Omega} - \overline{G}_{-(n)}) \right] \tag{5-3}$$

假设 $\Omega_+ \leqslant \Omega_-$，这意味着图像中的目标区域不大于背景区域，因此得到，

$$2 \cdot \frac{\iint_{\Delta\Omega} \mathrm{d}x\mathrm{d}y}{\iint_{\Omega_- + \Delta\Omega} \mathrm{d}x\mathrm{d}y}(\overline{G}_{-(n)} - \overline{G}_{+(n)}) \leqslant |T_{n+1} - T_n| \leqslant 2 \cdot \frac{\iint_{\Delta\Omega} \mathrm{d}x\mathrm{d}y}{\iint_{\Omega_+ - \Delta\Omega} \mathrm{d}x\mathrm{d}y}(\overline{G}_{-(n)} - \overline{G}_{+(n)})$$

$$\tag{5-4}$$

当 $\Delta\Omega \to 0$ 时，阈值趋向于零；当 $\Delta\Omega \to \Omega_+$ 时，$(\Omega_- + \Delta\Omega) \to \Omega_{image}$。如果要扩大分割阈值的范围，一种方法是改变 Ω_+ 和 Ω_- 之间的比例，即增加目标区域在图像中的比例。

5.2.2　改进的迭代阈值图像分割方法

在实际的软件系统开发中，为了将毛发从图像中分割出来，作者提出了一种改进的迭代阈值法（ITM）。首先，将原始图像分成 n 个块，选择其中一个块保持原始颜色，其他图像区域用像素 RGB 值(0,0,0)模板掩膜，这样便产生了一张新的图像。接下来，在这张新的图像上使用迭代阈值法进行两类图像分割，分割目标为毛发，其他头皮及黑色掩膜区域为背景。在处理流程中，n 个新的图像被创建并通过分割算法依次进行处理。分割阈值会像 5.2.1 分析的那样迅速降低。具体的算法流程如图 5-1 所示。

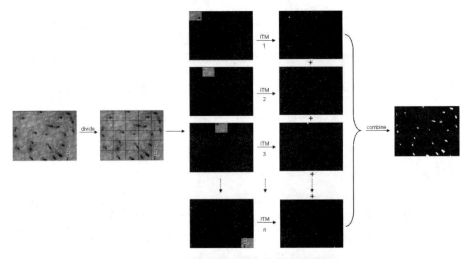

图 5-1　改进的迭代阈值法的算法流程

输入图像被分成 n 个部分，依次采用迭代阈值法（ITM）对这 n 幅图像进行逐一分割，最终将分割结果合并为一个图像。在改进的迭代阈值算法中，分割参数为块数 n。为了将图像分成 n 个部分，整数 n 被分解为两个数字的乘积，其约束条件如下：

$$\text{minimize} \ \ n_1 + n_2$$
$$\text{subject to} \ n = n_1 \times n_2 \tag{5-5}$$
$$n_1, n_2 > 0 \ \ \text{且为整数}$$

在实际采集的头发图像中，发现许多头发是交叉在一起的，并且由于图像分割造成了伪交叉现象。图 5-2 显示了头发分割结果的示例，可以看到等高线的演变与 n 的设置的关系。其他结果将在后续加以说明。

（a）原始头发　（b）$n=0$ 的分割结果（c）$n=2$ 的分割结果（d）$n=4$ 的分割结果

图 5-2　n 块图像分割的分割轮廓图

5.3　毛发计数统计及其分析测量

读者一定对区域 ROI 有多少根头发感兴趣吧。类似的计算机辅助问题还有血细胞图像识别、观察区作物种子检测、人脸识别等方面。对于毛发计数问题，难点在于很多图像中有单发、双发交叉、三毛以上交叉等几种情况。一种方法是将它们逐个分区，然后计算对象的数量，但精确地将头发分割成单个头发的区域是一个复杂的问题。一种简单的方法是在每个标记的头发区域中寻找交叉点，如果返回的交点数为零，则表示该区域中只有一根头发；反之可以知道区域中有交叉毛发，根据交叉点可以统计每个分区中有多少根头发。

物体的骨架能够保留原始的二维或三维形状拓扑和大小特征。二值图像骨架通过头发骨架中的连接点可以解决交叉点问题。在软件的研究开发中，细化算法通过迭代收缩过程分析每一个轮廓像素，将二值图像压缩成骨架结构。如果满足某些删除条件,则删除离散的一些像素。在实习软件开发中,主要参考了 Alexandru Telea 的方法。该方法通过任意边界参数化过程对快速匹配方法(FMM,Fast Matching Method)进行了改进,对于骨架端点和连接处的噪声边界是高效的且鲁棒性较好。因此,ROI 中的总头发数等于总连接数加上总的单个头发数。例如,在图 5-3 所示的图像 A 的标记区域 a 中,头发数为 4,在区域 b、c、d、e 中,头发数分别为 3、4、3、2。

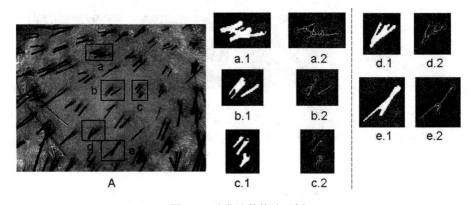

图 5-3 毛发计数统计示例

图 5-3 通过骨骼中的连接点进行毛发计数,其中,图像 a 是用 A、b、c、d 和 e 标记头发区域的原始图像,图 5-3 的右侧部分是在图像分割和骨架连接点检测的步骤中标记区域的过程。

头发统计及测量能帮助医生分析头发生长的生物学参数,这些基础参数包括头发直径和头发长度。据观察,只有一半的头发是"单根"的,近一半的头发是双重交叉在一起,很少有头发是 3 根或更多根地交叉在一起。对于单根头发,系统可以通过最小椭圆标识得到它的直径和长度。头发直径等于最短的椭圆轴,头发长度等于最长的椭圆轴。对于交叉头发,下面以双交叉为例来说明该部分的算法。

首先,参考平面曲线中曲率 K 的定义:

$$K(u,\sigma)=\frac{\dot{X}(u,\sigma)\ddot{Y}(u,\sigma)-\ddot{X}(u,\sigma)\dot{Y}(u,\sigma)}{[\dot{X}(u,\sigma)^2+\dot{Y}(u,\sigma)^2]^{\frac{3}{2}}} \tag{5-6}$$

其中，$\dot{X}(u,\sigma)=x(u)\otimes\dot{g}(u,\sigma)$，$\ddot{X}(u,\sigma)=x(u)\otimes\ddot{g}(u,\sigma)$，$\dot{Y}(u,\sigma)=y(u)\otimes\dot{g}(u,\sigma)$，$\ddot{Y}(u,\sigma)=y(u)\otimes\ddot{g}(u,\sigma)$，$\otimes$ 是卷积操作符号，这里 $g(u,\sigma)$ 是一个宽度为 σ 的高斯滤波器，$\dot{g}(u,\sigma)$ 和 $\ddot{g}(u,\sigma)$ 分别是这个高斯滤波器（$g(u,\sigma)$）的一阶导数和二阶导数。比例分割点是头发轮廓线上曲率值最小的点，其值是负数。

分割边界由位于轮廓线上的两个点唯一确定。轮廓线上曲率最小的点是第一个点，如图 5-4（a）中的点 a，接下来需要找到另外一个点，即图 5-4（a）中的点 b。点 b 通过骨架算法计算确定，由此在两个点（分割点 a 和连接点 b）之间拟合出一条直线，这条拟合直线与轮廓线有交点。然后，选择图 5-4（a）中的点 d 作为另一个分割点，点 d 和点 a 一般位于点 b 的两侧。图 5-4 演示了直线拟合的过程及结果，其中图（a）是直线拟合的过程，图（b）显示头发分割的结果。

总结：交叉毛发图像的分割分以下两步进行。

第一步，计算曲率。在头发分割后的图像中提取边缘轮廓，填充轮廓线中的间隙。然后在一个低尺度计算轮廓的曲率。

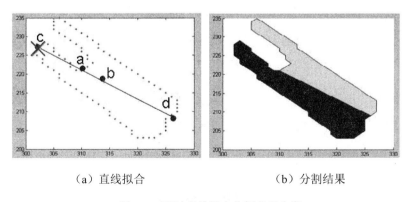

（a）直线拟合　　　　　　　　　　（b）分割结果

图 5-4　通过直线拟合分割交叉头发

第二步，直线拟合。首先计算得到最小的曲率及其所在的轮廓点。在最小曲率点和交叉点之间进行直线拟合。接下来，计算所有的交叉点及其位置关系，确定正确的点作为另一个轮廓点，并用这三个点 [图 5-4（a）中的点 a、点 b 和点 d] 分割交叉的头发图像。

5.4 实验部分及其结果分析

为检验上述提出的研究方法，我们进行了实验，软件系统被安装在一台具有 4GB 内存，CPU 采用 Intel 双核处理器（2.66GHz）的计算机上。作者参与该项实验的最后版本测试时间是在 2010 年，头发图像数据库由韩国 Ellead 公司提供，接下来的实验结果以作者当时测得的数据为主。首先，演示使用本章 5.2.1 节提出的算法进行图像分割的结果；其次，通过与手工计数的结果进行比较，给出了毛发计数统计和测量结果的比较结果；最后，实验将针对头发图像进行的分析测量结果进行了测试，并与手工分割方法进行了比较。

5.4.1 头发图像分割实验

1. 头发图像的采集

实验过程中首先需要拍摄待处理的头发图像。目前世界上有多家公司采用便携式的手持拍摄相机。图 5-5 所示是德国 TrichoScan 公司的便携式手持皮肤拍摄仪。该设备可以通过 USB 连接在计算机上，我们可以同步观察采集到的图像。无论是浓密还是稀疏的头发，在就诊时若头发较长，或者油脂较多，这些对采集诊断所需的图像会有影响，因此需要一个拍摄前的预处理工作。预处理流程如图 5-6 所示。

图 5-5 便携式手持皮肤拍摄仪

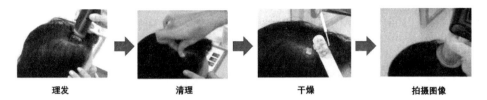

理发　　　　　　　清理　　　　　　　干燥　　　　　拍摄图像

图 5-6　图像采集前的预处理过程

2. 图像分割实验

本章第 2 节中提到过，伪交叉现象是由图像分割引起的。在图 5-7 所示的例样中，图像（a）是原始图像，图像（b）是伪交叉现象，图像（c）显示了使用本章 5.2 节提出的算法后的正确分割结果。在这个例子中，实际上图像（a）中黑色矩形内的头发是两根单根头发，但经过图像分割后它们是交叉的，这是皮肤肤色受光线和头发阴影影响的结果。在高分辨率的图像中，折射和反射的共同影响使得头发周围的皮肤更黑。在特殊情况下，部分发根隐藏在皮肤下。软件设计中提出的本章 5.2 节描述的算法将尽可能避免这个问题。在头发图像中，头发靠得很近而没有交叉是一种常见的情况。例如，在灰度值为[0~255]的图像中，头发分割的阈值会从 105 降到 80，灰度值为 0 表示完全为黑色。

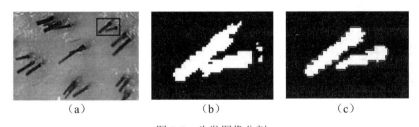

（a）　　　　　　　　（b）　　　　　　　　（c）

图 5-7　头发图像分割

5.4.2　头发计数统计及分析测量实验

通过本章 5.2 节提出的方法（缩写为 P.M.）和手动评估方法（缩写为 M.E.）得到的头发计数结果以及绝对误差（abs. Diff.）和相对误差（rel. Diff.）等见表 5-1，其中绝对误差控制在 6 以下，相对误差控制在 10%以下，头发宽度（Hair Width）

和头发长度（Hair Lenth）是所有单个头发像素测量的平均值。交叉头发分析测量值只是一个参考值，作为研究个案，医生会集中在一个头发区域 ROI。测试结果如图 5-8 所示，其中图（g）和图（h）中的图像来自 TrichoScan 公司的数据库，实心圆点表示检测出的头发交叉点。

表 5-1　头发分割结果的对比

Image No.	Image Size	P.M. /根	M.E. /根	abs. Diff. /根	rel. Diff.	Hair Width /像素	Hair Lenth /像素	CPU time/s
图 5-8（a）	287*210	32	33	1	3.03%	6.6501	40.4291	3.4063
图 5-8（b）	253*270	13	13	0	0.00%	7.8937	90.2869	3.3125
图 5-8（c）	278*320	45	49	4	8.16%	7.4405	44.7577	5.2500
图 5-8（d）	297*297	33	33	0	0.00%	6.5702	44.5838	5.2813
图 5-8（e）	348*353	32	35	3	8.58%	5.4099	48.9374	4.3594
图 5-8（f）	324*337	24	23	1	4.35%	6.6825	57.6405	4.4531
图 5-8（g）	397*525	147	153	6	3.92%	5.0203	38.0637	19.1719
图 5-8（h）	437*391	105	108	3	2.78%	4.0944	41.4821	16.7969

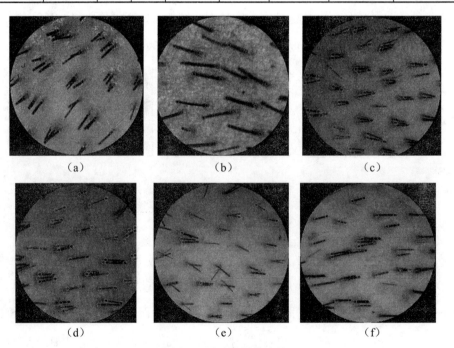

(a)　　　　　　　　(b)　　　　　　　　(c)

(d)　　　　　　　　(e)　　　　　　　　(f)

图 5-8　测试的图像结果

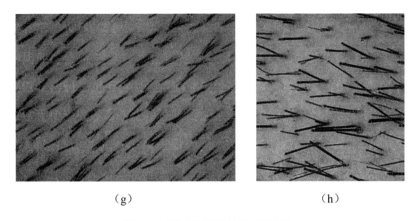

（g） （h）

图 5-8 测试的图像结果（续图）

在自动计数统计功能中，图像分割算法的鲁棒性至关重要。图 5-9 分别展示了阈值分割算法和本章提出的迭代阈值分割法的测量结果，可以明显看出，图像分割算法对图像中交叉头发的分割尤为重要，分割算法的准确性影响头发统计分析的结果，如图 5-9 中黑色框线区标明的实例。图像分割算法的性能评价见表 5-2。图 5-9（a）中显示的错误是由图像分割引起的。图 5-9（a）的方法在头发计数统计和平均头发长度测量方面，误差在可接受的范围内，但是平均头发宽度有很大的误差。这是因为连接区域被检测为一根头发，使得头发在宽度方向上变大。而且，当出现错误时，系统运行的时间将增加。

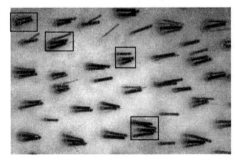 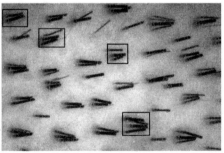

（a）阈值分割算法的结果 （b）本章提出的算法的分割结果

图 5-9 测量结果比较

表 5-2　参数 n=4 时的分割结果对比

Image No.	Image Size	P.M. /根	M.E. /根	abs. Diff. /根	rel. Diff.	Hair Width /像素	Hair Lenth /像素	CPU time /s
图 5-9（a）	365*554	83	80	3	3.75%	8.3348	40.6492	14.5469
图 5-9（b）	365*554	78	80	2	2.50%	4.8555	37.9398	6.3594

为了显示头发分析测量的处理结果，图 5-10 直观地显示了分割结果，分割结果对比如图 5-11 所示。比较数据是使用 Photoshop 软件手动完成的，选取的是原始图像中的单根头发。对于头发直径，手动测量结果是 6.6879 像素，本实验方法的测量结果是 6.5612 像素，绝对误差为 0.1267 像素，相对误差为 1.89%。对于头发长度，手动测量结果为 37.1663 像素，本实验方法的测量结果为 35.3406 像素，绝对误差为 1.8257 像素，相对误差为 4.91%。

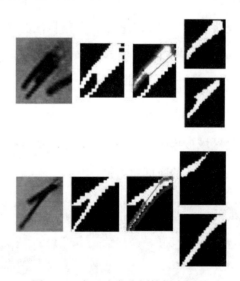

图 5-10　交叉头发分割的两个例子

（a）原图　　　　　（b）手动分割结果　　　（c）系统分割结果

图 5-11　交叉头发分割结果对比

5.5　本章结论

本章主要介绍了作者开发设计的一个头发计数统计和分析测量软件。为了避免图像分割过程中产生的伪交叉现象，本章采用 n-1 个掩模数的分治设计范式对经典的迭代阈值分割方法进行了改进，扩大了候选阈值空间。平面曲线的曲率有助于交叉头发的分割。实验表明，该方法具有较高的效率和性能，当然在图像头发分割和骨架提取方面也存在一些小问题。例如，图像中的微小毛发无法被检测到，在当时的实验系统中由医生手动检测完成。

第6章 融合纹理特征的高分辨率皮肤三维重建

本章研究内容着重展现皮肤纹理细节特征，论述合成融合纹理细节特征的人体高分辨率皮肤重建的方法，主要采用立体视觉的三维重建方法，针对高分辨率人体皮肤建模，研究内容包括：针对皮肤的光学特性设计高分辨率双目图像采集系统；针对皮肤纹理稀疏区域提出基于吉布斯随机采样的稀疏匹配方法；针对皮肤大面积特征相似问题分别提出考虑特征点位置关系的基于子空间学习的稠密匹配算法和基于三角化的图像块之间稠密匹配方法。

6.1　高分辨率双目图像采集系统

本章主要研究基于立体视觉的三维重建方法完成人体皮肤的三维重建。由于皮肤图像色彩纹理受光线角度变化影响较大，在图像采集系统设计方面需要注意以下几个方面：为了获得清晰的微观皮肤图像，实验使用长焦距的定焦镜头；受到长焦镜头景深的限制，图像中会产生纹理模糊区域，造成纹理缺乏；高分辨率图像中皮肤纹理亮度、色彩相似度非常高，造成大量的匹配误差。基于上述原图，图像采集系统由两台带90mm定焦镜头的单反相机构成，拍摄采用计算机控制相机快门的方式，两台相机同时拍摄，关闭相机闪光灯。该主体图像采集系统如图6-1所示。

针对高分辨率图像进行皮肤三维重建，不论采用半稠密匹配方法还是实施稠密匹配，均存在采样点集分布不均导致的匹配误差和重建点云数量过少的现象。在纹理细节特征表现方面，人体皮肤可以看作是由密集的细纹和众多的毛孔构成的网状，是一种非刚体。与普通静态物体相比，皮肤表面随着光线和视线的变化在观察者眼中呈现明显差异。图 6-2（a）和（b）分别为不同视点下的两幅待匹配图像，图像中网格节点为稀疏匹配获得的对应匹配点，该匹配点可作为点集稠密匹配的先验条件。受非刚体略微几何形变的影响，对非刚体图像进行稠密匹配，交叉点集的特征相似性和点集之间的空间排列一致性是特征点匹配的主要依据。静态皮肤图像中，由光线反射造成不同视点下的图像差异的影响弱化了匹配点对间的特征相似性。因此，点对之间的空间排列一致性是特征点匹配的最重要依据。

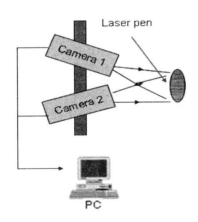

图 6-1　立体图像采集系统

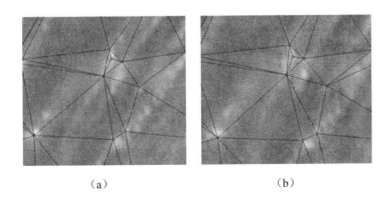

（a）　　　　　　　　　　　　　（b）

图 6-2　不同视点下的皮肤图像

6.2 基于随机采样的高分辨率人体皮肤三维重建

本节主要论述针对高分辨率皮肤图像提出的一种有效的稠密匹配方法。为了获取高分辨率图像，可以使用长焦镜头捕捉物体更清晰的微观尺度特征，如衣服褶皱、皮肤色素沉淀和皮肤毛孔等。但是，受到长焦镜头景深的限制，图像会产生大面积纹理缺失和像素模糊现象。为了实现有效的稠密匹配，避免匹配过程产生大规模误差和匹配点对分布不均匀的现象，本节研究在充分考虑纹理相似性和待匹配点的空间关联基础上，提出了一种改进的 Gibbs 稠密匹配算法。该算法首先获得置信度较高的稀疏匹配点对，接着对匹配点进行三角化的区域分割，稠密匹配在三角化后的对应图像块间执行。为避免图像块边界点的误匹配，本研究还提出了针对边界点筛选的判定规则，最后通过基于 MRF 模型的能量函数收敛完成图像块间的稠密匹配。实验证明该方法执行效率高，具有一定的鲁棒性。

6.2.1 引言

通过立体匹配恢复物体三维形状的方法中，图像立体匹配是其中的主要步骤之一。匹配点对的分布情况和数量决定着恢复物体形状的细致程度。主要有两个匹配阶段，即稀疏匹配和稠密匹配。在稀疏匹配过程中，待匹配点一般通过特征算子确定。对皮肤图像的研究发现，大部分待匹配点分布于高光区域周围的纹理网络节点处。由于皮肤的非刚体属性，受光线影响产生的高光区域在立体图像对中存在细微差别。本研究充分参考皮肤纹理的相似性及匹配点的空间位置关系，提出一种新的稠密匹配方法。

与刚性物体稠密匹配相比，非刚体的形变和特征噪声是影响稠密匹配效率的主要因素。早期研究者针对非刚体表面重建问题，提出了很多供参考的有效方法。其中大量方法充分考虑匹配点的空间位置关系，造成了计算量过大，稠密匹配结果并不理想。学者 Y. HaCohen 着重考虑图像对之间的光学和几何特征，提出了基于局部可靠点集的稠密匹配方法，但是该方法计算量远远超出预期，效率较低。后来的学者 Torki 提出了对空间连续性和特征相似性同时编码的方法，在低维子空间进行稠密匹配。R. Hamid 改进了 Torki 的方法，将信度高的匹配子集作为空间分布先验条件，通过子空间学习的方法降低剩余特征点的稠密匹配难度，提高算法的执行效率。基于子空间的学习算法无法完成纹理缺失图像的稠密匹配。除了采用立体视觉的方法，M. Zollhfer 借助 RGB-D camera 对人脸进行三维重建，而不需要进行稠密匹配。Tepole 将多视点几何与各向同性分析相结合标记皮肤的几何运动特征。他们利用简单的有限元面片参数化空间尺度，对材质点的坐标、参数化平滑插值变形的 B 样条张量网格进行矢量计算。本节研究直接区分纹理特征，而不需要参考物体表面材质点。

配有长焦镜头的单反相机可以拍摄皮肤细致的表面纹理特征，如皮肤着色、毛孔和皮肤皱纹等，但同时也会产生纹理缺失或模糊等的图像噪声。如图 6-2 所示，高分辨率皮肤图像匹配的难点在于，由于光线反射、纹理缺失和模糊引起的图像噪声，其中色彩标记所示为皮肤纹理的特征点。为了避免纹理缺失和图像模糊引起的错误匹配和不均匀匹配，在同时考虑纹理特征相似性和空间连续性的基础上，作者研究提出了基于 Gibbs 分布的优化密集采样方法。本节方法的流程结构如图 6-3 所示，首先对置信度较高的已匹配点进行三角化处理，密集采样方法在三角化后的图像块内执行，匹配过程中三角形图像块间会产生未匹配轮廓线，本研究方法提出了判定标准，避免产生漏匹配的轮廓线，最后利用 MRF 模型建立能量函数，通过能量函数收敛完成稠密匹配。研究方法的创新性体现在以下两个方面。

（1）基于 Gibbs 随机分布的优化采样方法。该方法解决了匹配点分布不均匀问题，稀疏匹配会导致重建后的模型产生许多纹理和部分形状缺失，Gibbs 随机采样可以使平衡匹配点之间保持均匀分布。

（2）图像对应块之间的稠密匹配。不同于以往的全局图像稠密匹配，针对高分辨率图像，首先在已完成稀疏匹配的点之间进行三角化分，在化分后的图像块之间执行基于 MRF 模型的稠密匹配，同时提出边界判定规则以避免产生漏匹配的三角形轮廓线。

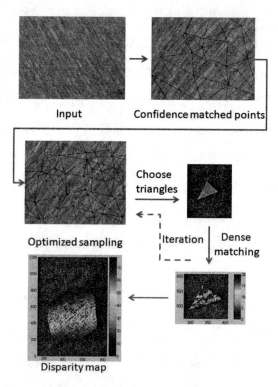

图 6-3　本节研究方法流程结构图

6.2.2　局部特征采样

（1）图像预处理。图像矫正可以建立立体图像之间的几何约束，是立体视觉匹配前的重要处理方法。极线几何提供了对立体视觉建立视点位置关系的理论依据，一旦极线几何关系确定，就可以将两幅图像的对应点对位置变换于同一像素直线上，图像矫正作为预处理可以完成上述目的。

（2）关键点的检测。通常，局部特征点的检测包括两个主要步骤：第一步是特征点的检测，第二步是特征点的特征描述，SIFT 方法是普遍采用的局部特征描述算子。在皮肤非刚性表面，大量的纹理主要由主线皱纹和从线皱纹以及它们之间的纵横交叉构成。高分辨率的皮肤图像中分布着丰富的皮肤皱纹，这为检测提取皮肤纹理特征点提供了参考。在稀疏匹配过程中，采用 SIFT 算子作为特征描述，采用 RANSAC 算法优化稀疏匹配后的特征点。

（3）可靠的匹配点对。检测到的特征点在矫正后的图像极线上，这些特征点由角点检测算子获得。第 2 章研究中提出的 Haar 小波描述的特征算子在此处用来进行角点检测，并且 RANSAC 算法用来估计几何同向性和几何对应，该方法详见下述算法 6-1 的描述。

算法 6-1 稀疏点匹配

输入：X^1、X^2。

输出：置信度高的匹配映射 $X^1 \leftrightarrow X^2$。

1. 特征检测。

2. 设置搜索窗口 $w \times w$，最大视差值 d_{max}，阀值 θ。

3. 计算候选匹配点集 $X^1(x, j) \leftrightarrow X^2(x', j')$。

4. RANSAC 筛选算法。

算法 6-1 只能检测出纹理丰富区域的特征点，如果改变特征算子的参数，虽然可以得到更多的特征点，但是特征点仍然集中分布于纹理丰富区域。为了提高匹配精度，还可以改变搜索窗口的参数，实验证明，该参数越接近最大视差值，匹配效率越高，这是由皮肤纹理相似性决定的。皮肤图像中存在大量的属性相近纹理，为稠密匹配带来一定的难度。

6.2.3 基于优化的采样方法

Gibbs 随机采样是用条件分布的概率来替代全概率分布的抽样方法，一般情况下，随机生成联合概率分布函数对应两个或者更多参数的一个序列样本。反之，这些序列随机样本又可近似描述一个联合分布函数或者计算一个积分函数。假设从纹理稀疏区域抽取 k 个样本 $X = (x_1, \cdots, x_n)$，这些样本服从联合概率分布 $(x_1, \cdots, x_2)$。$X^{(i)} = (x_i^{(i)}, \cdots, x_n^{(i)})$ 记为第 i 个样本，则 Gibbs 随机采样过程如下述算法 6-2 所描述。

算法 6-2 Gibbs 采样

输入：初始第 0 个样本，记为 $X^{(0)}$。

输出：k 个样本 $X = (X_1, \cdots, X_n)$。

1. 初始化 $X^{(0)}$。

2. 从所有其他数值计算服从同一联合分布样本的每一个元素值 $x_j^{(i+1)}$。

3. 重新计算符合分布的第 $i+1$ 个样本中的每个元素值 $p(x_j \mid x_1^{(i+1)}, \cdots, x_{j-1}^{(i+1)}, x_{j+1}^{(i+1)}, \cdots, x_n^{(i+1)})$。

4. 重复以上步骤 k 次。

计算得到局部特征样本后，置信度高的匹配点作为已知条件在纹理稀疏区域继续生成新的待匹配点（即新的特征样本）。下一步以置信度高的匹配点为顶点，采用 Delaunay 方法进行三角化处理。在纹理稀疏区域，置信度高的匹配点较少，且三角形图像区域块较大，稠密匹配精确度较低，且匹配后得到的点集分布不均匀。在此基础上，以三角形顶点为参考点计算重心，再以重心为顶点继续采样，可以得到更多的待匹配特征点。具体采样方法如图 6-4 所示。用深色标记的点是计算出的三角形重心，浅色标记的点是以重心为顶点计算出的新的三角形的重心。

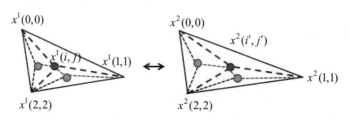

图 6-4　候选特征点的循环采样方法

6.2.4　稠密匹配

1. 基于图像块的稠密匹配

假设存在连续非自遮挡物体表面，为保留物体表面的拓扑结构，每一幅立体视觉中的图像必须保证跟拍摄物体具有一致的拓扑结构。定义视差梯度值为 $\dfrac{|r_L - r_R|}{1/2|r_L - r_R|}$，其中向量 r_L 位于左视点图像，向量 r_R 是它的对应向量，位于右视点图像。研究表明，在两幅拓扑结构一致的对应图像中，任意对应向量的视差梯度不大于 2。证明过程如下所述。

设 p_i 和 p_j 分别是图像中的两个点，它们在另一幅图像中的对应点分别为 q_i 和 q_j，d_i 和 d_j 分别为点 p 和点 q 对应的视差值，$dis_{p_j q_j}$ 是点 p 和点 q 对应的两个视差值之间的差，可以表示视差值的范围，如图 6-5 所示。

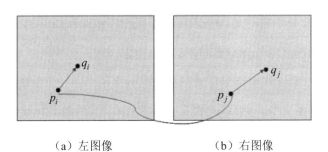

（a）左图像　　　　　　（b）右图像

图 6-5　左、右两幅图像及其对应点

视差梯度定义如下：

$$G = 2 \times \frac{|(p_i - q_i) - (p_j - q_j)|}{|(p_i - q_i) + (p_j - q_j)|} \tag{6-1}$$

按视差梯度理论，假设 $G \leqslant k < 2$，则：

$$|d_p - d_q| \leqslant \frac{k}{2(d_p - d_q)} + k \cdot dis_{p_j q_j} \tag{6-2}$$

公式 6-2 简化后得到：

$$|d_p - d_q| \leqslant \frac{2k}{2-k} dis_{p_j q_j} \qquad （6-3）$$

从公式 6-3 可以看出，对物体的连续表面而言，相应立体图像中两点之间视差值之间的差存在约束关系。因此，我们可以通过已知点对的视差值估计相邻点的视差范围。

2. 图像块边界点的匹配方法

研究中，立体图像间点的稠密匹配是在图像对应三角块之间逐一进行匹配，而不是进行全局匹配。在实际匹配过程中，很难找到图 6-4 中左侧三角块轮廓点在右侧三角块中的对应点，因此匹配后全局图像会出现大量的未匹配三角块外点，影响稠密匹配效率，故在研究中改进了重心坐标法以区分三角图像块的外点。重心坐标法可以判定特征点与三角形块的关系，即内还是外。沿着极线如果点 $p(i, j)$ 位于三角形内部，那么它的某个在三角形外部的相邻点 $p(i+k, j)$ 也包含在匹配搜索区域，实验中设定经验值 $k=5$，基本覆盖搜索区域。

3. 基于马尔科夫模型的图像块稠密匹配

设世界坐标系中平面点 (x, y) 的深度值为 $z(x, y)$。函数 z 为每个图像坐标系中的点 (i, j) 设定准确的映射值，记为 K，表示视差从最小到最大的所有可能值，且定义 $K=\{1, 2, ..., kmax\}$，$K \in R$。基于 Gibbs 二阶分布的先验概率分布如下所示：

$$p(f) \sim \prod_{(rr') \in E} g_{rr'}(f(r), f(r)) \qquad （6-4）$$

设图像对 (i, j) 存在对应的四邻域点集，那么点集 (i, j) 和 (i', j') 之间符合公式 $|i-i'|+|j-j'|=1$，即为模型的代价函数。假设皮肤表层是一个连续非遮挡区域，则代价函数定义为：

$$g(k,k) = \begin{cases} 1 & \text{if } |k-k'| \leqslant \delta \\ 0 & \text{其他} \end{cases} \tag{6-5}$$

皱纹相互交叉重叠构成了皮肤表层纹理结构，在此结构基础上定义上述函数，且 δ 为给定具体数值的参数。对立体图像建立条件概率分布，f 为标记值，则函数定义为：

$$p(X \mid f) = \prod_{r \in R} q_r(X, f(r)) \tag{6-6}$$

在立体视觉系统中，物体的两个视点图像分别称为左图像和右图像。定义 $D(r, k)$ 为特征点相似性度量值，当使用亮度值度量图像点相似性时，$D(r,k) = (I_{\text{left}}(p_{\text{left}}) - I_{\text{right}}(p_{\text{right}}))^2$，$q_r$ 定义为：

$$q_r(k;\lambda) = C \cdot \frac{1}{\lambda^l} \cdot \exp\left[-\frac{D(r,k)}{\lambda}\right] \tag{6-7}$$

6.2.5　实验结果及分析

1. 算法性能测试

实验平台环境指标：计算机 CPU 为 Intel 双核处理器（2.10GHz），内存为 4GB；操作系统为 Windows 7 Professional；实验软件为 Visual Studio 2010。测试图像的分辨率为 3504*2336，实际拍摄的皮肤表层面积为 4mm×3mm。稀疏匹配后，对稀疏特征点进行三角化。实验结果如图 6-2 所示，其中的网格交叉点表示稀疏匹配后的对应点对，这里获得的对应点数目为 120，使用本章提出的优化采样方法，可以获得稀疏匹配点的数目为 276。经过三角化后将原始图像分割为 201 块三角形区域，程序执行时间为 102.70s，稠密匹配得到的匹配点的数目为 108287。相机的内参矩阵为 3×3，通过自定标计算重建皮肤图像的三维模型及其经过纹理映射后的结果如图 6-6 所示。

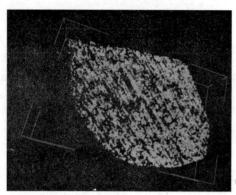

图 6-6   腿部皮肤重建后三维点云及其纹理映射后效果

稀疏匹配的精度决定着下一步稠密匹配的精度及其重建效果。表 6-1 给出了随机采样过程中参数的设定对稀疏匹配精度的影响。稠密匹配的精度见表 6-2（分别考虑了匹配点为 500 和 1000 时的稠密匹配的效果）本研究主要是针对纹理稀疏区域优化采样进行的稠密匹配，提出的方法可以优化特征点，使其分布均匀，减少三维重建后的空洞现象。为了评价提出的算法，实验中分别使用 PCA-SIFT 方法和 SURF 方法进行测试，其精度对比结果见表 6-3。

表 6-1   优化采样方法对稀疏匹配准确率的影响   单位：像素

特征点数目	匹配点数目	误匹配点数目	准确率
886	171	0	100%
886	276	0	100%
886	480	11	97.71%
886	657	29	95.59%

表 6-2   本实验算法与区域增长算法的性能比较   单位：像素

匹配阶段		本实验算法		区域增长算法	
		平均误差	最大误差	平均误差	最大误差
稀疏匹配	276 匹配点	0.48	1.25	—	—
稠密匹配	500 匹配点	0.74	4.30	2.23	20.75
	1000 匹配点	0.83	6.20	2.46	25.50

表 6-3　优化采样和其他特征方法的性能比较　　　　　单位：像素

项目	PCA-SIFT	SURF	优化采样
所有匹配点数目	206	289	354
误匹配数目	9	26	11

2. 其他测试图像实验。

由于人体各部位皮肤的表面纹理差别较大。实验中还对其他部位皮肤进行了图像采集，并完成了稠密匹配测试及点云三角化和纹理映射等后期处理工作，这些皮肤部位包括拇指皮肤、眼角皮肤、化石表面和脸颊皮肤。各测试图像中的某个视点图像如图 6-7 所示，稠密匹配后的准确率见表 6-4，三维重建结果（未包括脸颊皮肤）如图 6-8 所示。

（a）拇指皮肤　　　（b）眼角皮肤　　　（c）化石表面　　　（d）脸颊皮肤

图 6-7　其他测试图像

表 6-4　不同测试图像下本实验算法和区域增长算法的性能比较　　　　单位：像素

测试像	图像分辨率	本实验算法		区域增长算法	
		平均误差	最大误差	平均误差	最大误差
拇指皮肤	2681*2376	0.55	4.15	1.21	17.29
眼角皮肤	2577*2561	0.97	7.62	2.33	30.21
化石表面	2994*2116	0.38	3.12	2.78	14.60
脸颊皮肤	3504*2336	0.41	4.30	1.04	19.37

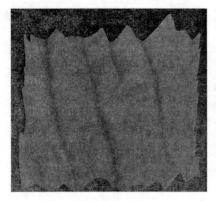
拇指皮肤

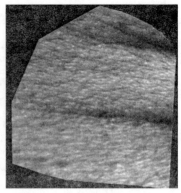
眼角皮肤

化石表面

图 6-8　三维重建结果

6.2.6　小结

在高分辨率长焦镜头拍摄的图像中，受景深影响，稀疏纹理和模糊等引起的图像噪声比较严重。如果直接进行稠密匹配，对应的三角形图像块较小，且视差图中漏匹配三角形外轮廓明显，即稠密匹配在相对较大的图像块中执行。对于高分辨率图像的稠密匹配，特征点采样至关重要，本章研究提出了基于 Gibbs 随机采样的稀疏匹配方法。马尔科夫模型用于在对应图像块间进行稠密匹配。对人体皮肤而言，皮肤表层受光线和视点影响，立体图像对间存在细微差别。

6.3 基于子空间学习的稠密匹配算法

本节讨论一种基于子空间学习的稠密匹配算法。该方法受启发于非刚体连续凸表面拓扑结构的特性，通过基于 Graph cut 模型的能量函数最小化完成稠密匹配。为了提高该方法的执行效率，研究并提出了一种基于精确度高的已匹配离散点的子空间学习算法。

6.3.1 引言

非刚体的物体表面细节重建一直以来是计算机视觉领域的难题和研究热点。目前主要有两种类型的解决方法：即体绘制方法和恢复图像对应的景深图完成重建方法。

体绘制方法使物体表面三维点云直接显示完成重建，而不需要参考图像二维平面。体绘制方法采用体素为重建的基本单元，是视点独立条件下的三维重建。

恢复景深图像的三维重建方法，要求恢复一张参考图像像素点在世界坐标系下的景深坐标。一般情况下，很多算法把整幅参考图像映射为一个先验能量模型，通过能量模型最小化达到预先给定的阀值恢复景深信息。模型收敛的有效方法有 Graph cut 模型和环路置信传播算法（Loopy Belief Propagation）。如果对连续光滑皮肤表面构建全局函数，算法的执行效率较低，且误差较大，而且很多研究工作只考虑纹理亮度、色度特征而较少考虑纹理的结构特征。

本节提出的方法属于恢复图像对应景深图的技术。为获得景深图像，图像间的稠密匹配过程尤为重要。人体皮肤表层是一个连续的光滑表面，同一部位表层具有相似的纹理结构。受纹理结构相似性启发，考虑纹理位置结构特征，提出了基于少量置信度高的已匹配特征点的稠密匹配方法。在纹理结构约束下，建立全局能量模型，利用 Graph cut 收敛模型完成稠密匹配。

6.3.2 子空间的学习

（1）图像预处理。一般来说，局部特征点的检测方法包括两个主要步骤：第一步是特征点的检测，第二步是特征点的特征描述，SIFT 方法是普遍采用的局部特征描述算子。在皮肤非刚性表面，大量的纹理主要由主线皱纹和从线皱纹以及它们之间的纵横交叉构成。高分辨率的皮肤图像中分布着丰富的皮肤皱纹，这为检测提取皮肤纹理特征点提供了参考。在稀疏匹配过程中，我们采用 SIFT 算子作为特征描述，采用 RANSAC 算法优化稀疏匹配后的特征点。

（2）可靠的匹配点对。区别于本章 6.2 节提出的方法，本节中由于不需要均匀三角化纹理区域，只需要少量保留纹理空间结构特征的可靠匹配点，研究中将角点作为特征点，采用 Harris 特征算子计算角点，这样只有纹理丰富区域的少量角点被检测出来。此外还可以通过改变 Harris 特征算子的参数来检测到更多的角点。

（3）子空间的学习过程。对皮肤立体图像进行稠密匹配时，纹理特征的辨识度较低。在研究离散匹配点的过程中发现，同一部位皮肤具有相近的纹理结构，有必要着重考虑特征点的空间位置关系。子空间学习的目的是，由特征点的空间位置关系计算出可用来描述纹理交叉特征的低维拓扑结构。因此基于子空间的相似度匹配问题必须充分参考特征点的空间位置排列。

假设点 $Y^k = \{y_1^k, \cdots, y_{Nk}^k\}$ 是点 X^k 的对应点，将其投影到设定的子空间。子空间的学习过程可以看作是下列表达最小化的过程：

$$W_{\mathrm{opt}} = \mathrm{argmin} \frac{1}{2} \sum_{ij} \left\| Y_i - Y_j \right\|^2 S_{ij} \tag{6-8}$$

其中 S_{ij} 是投影空间内核权重矩阵。事实上这类应用空间约束作为条件的匹配算法，可以看作是由单位块替代亲和矩阵 S 的一种特殊情况。

（4）空间结构权重。一般而言，空间内核权重对物体的几何属性并不是固定不变的。研究中我们使用欧氏距离作为空间位置关系权重，即空间坐标系下权重为特征点之间的欧氏距离。这种情况下，权重对平移变换和旋转变换保持尺度不变。内核函数可以使用高斯内核和双指数内核。

6.3.3 稠密匹配

图论中，图割表示将一个图集分割成两个不相连的子集。割集是位于划分不相连子集的边界集合。图像中割集是两类区域之间的像素集。基本上，我们把图像中的每个像素看作结点，结点之间用边相连，每条边的权重用来表示两相邻特征点之间的相似程度。最大流或者最小割问题总是可以用能量模型来表示。对于两标记的分类问题，能量模型是 Ising 模型的一种特殊形式。在单一图割计算问题的全局最小化方法中，像素 i 和 j 之间的边界权重可以表示为：

$$W_{ij} = e^{\left(-\frac{r(i,j)}{\sigma_R}\right)} * \begin{cases} e^{\left(-\frac{\|w(i)-w(j)\|^2}{\sigma_R}\right)} & \text{if } \|w(i)-w(j)\| < r \\ 0 & \text{otherwise} \end{cases} \qquad （6\text{-}9）$$

其中，$\|w(i)-w(j)\|$ 表示欧拉范式，$r(i,j)$ 是像素 i 和 j 的距离，参数 r、σ_R 和 σ_W 分别表示某一特征的权重，参数值的大小用来标记特征属性的重要性。

6.3.4 实验结果及分析

实验平台环境指标：计算机 CPU 为 Intel 双核处理器（2.10GHz），内存为 4GB；操作系统为 Windows 7 Professional；实验软件为 Visual Studio 2010。测试皮肤图像的分辨率为 509*386。在稀疏匹配过程中得到的匹配特征点的数目为 120。通过子空间的学习，获得置信度较高的特征点 375 个点。实验过程中使用高斯核函数作为空间内核权重。图 6-9 显示了子空间学习置信度高的匹配点（用十字表示），其中的线表示边界线。稠密匹配共得到 127764 个匹配点。稠密匹配结果如图 6-10

所示。其他的实验结果如图 6-11 所示，其中图 6-11（a）为皮肤图像，图 6-11（b）为显示的是稠密匹配的结果。

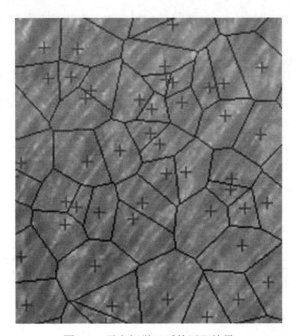

图 6-9　子空间学习后的匹配结果

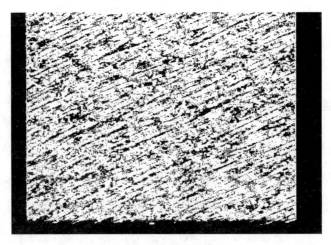

图 6-10　稠密匹配结果

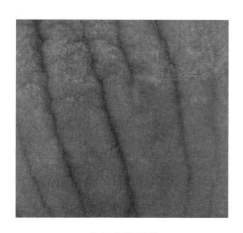 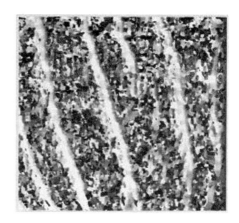

（a）皮肤图像　　　　　　　　　　（b）稠密匹配结果

图 6-11　其他测试图像的稠密匹配结果

6.3.5　小结

在皮肤表面重建中，基于视差图的重建方法将皮肤表层假设成一个保持拓扑结构不变的连续光滑表面。在匹配策略中，稀疏匹配获得的高置信特征点越多，通过子空间学习得到的匹配特征点越多，准确率越高。最后稠密匹配问题由构建于 Graph Cut 的能量模型收敛得到全局最优解。实验证明，本章提出的算法是有效的。

6.4　本章结论

本章的主要工作是提出了基于皮肤纹理特征的高分辨率图像三维重建方法，主要解决了纹理稀疏区域和高度相似纹理区域的稠密匹配问题，研究内容如下所述。

（1）针对高分辨率图像中由于皮肤纹理信息缺乏造成的匹配点对过少问题，提出了采用吉布斯分布对纹理信息缺乏区域进行随机密集采样的稠密匹配算法。

与图像间的全局最优匹配方法相比，基于图像块之间的稠密匹配方法是一种有效的匹配方法。马尔科夫模型可以有效地实现图像块间的稠密匹配，误差较小。

（2）为解决高度相似纹理区域的稠密匹配问题，提出了基于子空间的学习方法，充分考虑待匹配像素之间的空间位置关系，构建能量模型，利用 Grap Cut 模型达到全局最优。能量模型获得了较好的收敛，完成了稠密匹配。

第 7 章　极线校正方法

在基于图像序列的三维重建过程中，除了图像间有效的特征匹配方法外，图像匹配前的图像校正是必要的前提和影响重建结果的重要环节。图像极线校正是应用一对射影变换（单应变换）到一对立体图像进行图像变换的重要步骤，其将原始立体图像中的极线对映射成校正图像中的同一水平线。本章着重论述关于极线校正方法的研究成果。

在研究过程中，考虑到对于某些立体视觉系统中相机内参数已知，但外参数未知，因此我们提出了一种依据本质矩阵的奇异值分解获得极线校正的方法。首先由基础矩阵和已知的内参数推导出本质矩阵，然后对本质矩阵进行奇异值分解以得到用于极线校正的两个射影变换，因为该校正过程所依据的是推导获得的封闭解，因而无需任何优化过程。

7.1　引言

双目立体视觉中的立体匹配是基于极线约束的前提完成的，给定其中一幅图像中的一个图像点，其在另一幅图像的对应点必定在由极线几何决定的极线上。极线校正，只是将极线校正为与坐标轴平行对齐，将使立体匹配的搜索空间从 2 维变为 1 维，由此降低立体稠密匹配错误率。

极线校正一般分为两类，分别是基于相机标定的方法和相机未标定的方法，前者需要立体视觉系统的相对方位等三维尺寸信息，或者需要包含内参数和外参数的摄像机投影矩阵；相比之下，相机未标定的校正方法通过充分利用极几何里面所包含的约束或最小化某个畸变度量来直接求解射影变换。1999 年 Loop 和 Zhang 通过将校正变换分解成射影变换、相似变换、剪切变换三部分来求解，并试图使射影变换部分尽可能退化为仿射变换。2005 年，Mallon 和 Whelan 在 Loop 和 Zhang 工作的基础上，通过最小化每个校正图像的畸变来获得射影变换。此外，Gluckman 和 Nayar 提出的校正方法旨在尽量保留原始图像的采样以及最小化校正图像的重采样畸变。而 Zahrani 和 Ipson 通过最小化校正图像之间的畸变来直接获取校正变换，但该方法需要选择三个零视差的像素点来定义一个参考平面。

为了避免计算基础矩阵，Isgro 和 Trucco 于 1999 年提出一种仅利用对应点的匹配信息进而最小化其视差来直接获取射影变换的射影校正方法。沿着这一思想，Fusiello 和 Irsara 在 2011 年提出一种准欧式校正方法，但该方法最小化所有对应点在校正图像的 Sampson 误差，为了使校正尽可能近似于欧式校正，将两个射影变换看作是由无穷远平面诱导的单应变换，并且用五个旋转角度和一个共同的焦距来进行参数化。但由于没有好的初始值，该方法容易陷入局部最优中。H. KO 和 H. S. Shim 于 2017 年提出一种最小化校正误差并限制几何畸变的立体校正算法，该方法改变了关于校正变换的参数化模型，还将诸如尺度变化的几何畸变合并到代价函数中进行最小化。在一些特殊的应用场合，往往会有特定的适合方法，例如，有学者提出了一种应用于监控领域的立体校正方法。总之，相机未标定的校正方法往往会涉及最小化某个校正准则的优化过程。

针对由两个已知内参数的相机拍摄的立体图像对，我们在研究中提出了一种本质矩阵奇异值分解的图像极校正方法：首先，根据基础矩阵和已知的相机内参，推导出相对方位关系的本质矩阵；然后，对本质矩阵的奇异值进行分解（SVD），将相应的正交矩阵转换成两个旋转矩阵；最后，将两个旋转矩阵分别作用于原始立体图像对就能完成图像极校正。由于本章所提的校正方法无需任何优化过程，因此，相比于使用优化过程的校正方法，该校正过程时间消耗非常低，并且能得到校正变换的封闭解析解；另外，由于该方法仅仅需要估计基础矩阵，因此其校正精度和估计基础矩阵误差成正相关关系。

7.2 相机模型和极几何

7.2.1 立体视觉系统模型

针孔相机能通过光心 C 和图像平面 I 来模型化。当三维空间点 W 与光心 C 的连线相交于图像平面 I 时，点 W 映射成图像平面 I 上的像点 m，过光心 C 且垂直于像平面 I 的直线称为相机光轴，它们的交点称为主点。光心 C 与图像平面 I 的距离为焦距，包含光心 C 且与图像平面平行的平面称为焦平面。

欧式三维空间到欧式二维空间的映射是透视投影。假定 $m = [u, v, 1]^T$ 和 $W = [x, y, z, 1]^T$ 分别是 m 和 W 的齐次坐标，那么透视投影能通过以下等式来模型化：

$$m \cong K[I \mid -t]W = PW \qquad (7\text{-}1)$$

其中，

$$K = \begin{bmatrix} f_u & 0 & u_0 \\ 0 & f_v & v_0 \\ 0 & 0 & 1 \end{bmatrix} \qquad (7\text{-}2)$$

等式（7-1）中的 $\cong$ 指在相差一个尺度因子下的相等，并且矩阵 I 是 3×3 的单位矩阵。等式（7-2）中的矩阵 K 称为相机标定矩阵，它包含了相机内参数，其中 f_u 和 f_v 分别是 u 和 v 方向上像素尺寸下的焦距，(u_0, v_0) 是像素尺寸下的主点坐标。如图 7-1 所示，旋转矩阵 R 和平移向量 t 称为外参数，分别包含了相机的方位和具体位置信息，它们描述了从相机参考坐标系到世界参考坐标系之间的刚体变换。3×4 矩阵 $P = KR[I \mid -t]$ 称为透视投影矩阵。

如图 7-1 所示，在双目立体视觉模型中，为了简化其图像校正问题，将图 7-1 中的左边相机参考坐标系直接当作世界参考坐标系，连接 C_L 和 C_R 的直线称为基线，平移向量 t 在基线上。因此，左右相机的透视投影矩阵 P_L 和 P_R 分别表示为：

$$\begin{cases} P_L = K_L[I \,|\, 0] \\ P_R = K_R R[I \,|\, -t] \end{cases} \tag{7-3}$$

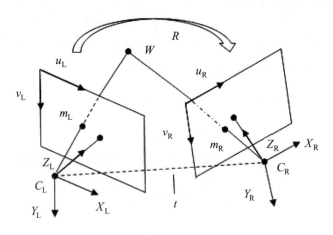

图 7-1 双目立体视觉模型

根据以上模型，若三维空间点 W 投射到左相机相平面 I_L 的像点为 m_L、投射到右相机相平面 I_R 的像点为 m_R，则它们之间的投射关系表达式为：

$$\begin{aligned} m_L &\cong P_L W = K_L[I \,|\, 0]W \\ m_R &\cong P_R W = K_R[I \,|\, -t]W \end{aligned} \tag{7-4}$$

因为 m_L 和 m_R 是同一空间三维点 W 分别通过光心 C_L 和 C_R 投射到像平面 I_L 和 I_R 产生的像点，因此 m_L 和 m_R 显然是一对对应匹配点。

7.2.2 极线几何

给定任意一对图像对应点 m_L 和 m_R，两幅图像之间的极约束可以定义为：

$$m_R^T F m_L = 0 \tag{7-5}$$

其中，F 是一个 3×3、秩为 2 的齐次矩阵，称为基础矩阵。

基础矩阵 F 将图像平面上 I_L 的点映射成图像平面 I_R 上的一条直线,反之也成立。更确切地,如果 m_L 是 I_L 上的一点,那么 $Fm_L = I_R$ 就是 I_R 上的一条极线且满足 $m_R^T l_R = 0$;类似地,与 m_L 对应的像点 m_R 必定位于极线 Fm_L 上。右相机光心 C_R 在像平面 I_L 上的像点 e_L 称为极点,对称地,像平面 I_R 的极点是左相机光心 C_L 的像点 e_R。极点与基础矩阵之间的关联式为 $Fe_L = 0 = F^T e_R$。

所有在 I_L 上的极线都通过其极点 e_L,类似地,所有在 I_R 上的极线都通过其极点 e_R。对于两透视投影矩阵分别为 $P_L = K_L[I\,|\,0]$ 和 $P_R = K_R R[I\,|-t]$ 的立体视觉系统来说,其基础矩阵可以用下式描述:

$$F \cong K_R^{-T} R[t]_\times K_L^{-1} \tag{7-6}$$

这里 $[t]_\times$ 表示向量 t 的反对称矩阵,用来描述 t 的叉乘运算。根据式(7-4),两个极点可以写成:

$$\begin{cases} e_L = P_L C_R = K_L[I\,|\,0]\begin{bmatrix} t \\ 1 \end{bmatrix} = K_L t \\[2mm] e_R = P_R C_L = K_R R[I\,|-t]\begin{bmatrix} 0 \\ 1 \end{bmatrix} = -K_R R t \end{cases} \tag{7-7}$$

7.3 基于奇异值分解的校正

如前所述,既然校正的目标是使原始图像的极线变为共线,那么可以通过将相机绕其光心进行旋转,直到两焦平面包含基线且共面来实现,如图 7-2 所示。在校正后的立体视觉系统中,由于两相机焦距可能不相等,故两视图是平行的而非共面。鉴于基础矩阵不仅包含两相机的标定矩阵,而且包含外部方位信息,在本章的校正方法中,先通过移除已知标定矩阵的影响进而将原始图像坐标变成归一化图像坐标,其次对归一化图像坐标下的基础矩阵即本质矩阵进行奇异值分解(SVD)就能得到合适的旋转变换矩阵。

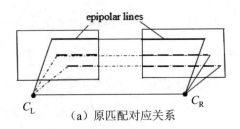

（a）原匹配对应关系

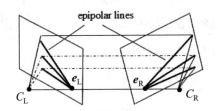

（b）e_L 和 e_R 无穷远处时校正后的对应关系

图 7-2　矫正前后的极线几何对应关系

7.3.1　归一化图像

由于标定矩阵 K 是已知的，那么将其逆作用于像点 m 并能得到新的点 $\bar{m} = K^{-1}m$，并且像点 $\bar{m}$ 就是像点 m 在归一化坐标下的表示。因此成像投射关系可以重写为：

$$\begin{cases} \bar{m}_L = K_L^{-1}m_L \cong K_L^{-1}P_L W = [I\,|\,0]W \\ \bar{m}_R = K_R^{-1}m_R \cong K_R^{-1}P_R W = R[I\,|-t]W \end{cases} \tag{7-8}$$

相应地，可以得到如下归一化的透视投影矩阵 $\bar{P}_L$ 和 $\bar{P}_R$：

$$\begin{cases} \bar{P}_L = K_L^{-1}P_L = [I\,|\,0] \\ \bar{P}_R = K_R^{-1}P_R = R[I\,|-t] \end{cases} \tag{7-9}$$

显而易见地，以上透视投影矩阵的标定矩阵变成了单位矩阵 I，并且习惯上称与一对归一化透视投影矩阵对应的基础矩阵为本质矩阵，根据等式（7-6），它具有如下形式：

$$E \cong R[t]_{\times} \tag{7-10}$$

注意到本质矩阵 E 仅仅包含外参数。和基础矩阵一样，本质矩阵是一个齐次量，具有尺度不变性。对 $\bar{m}_L$ 和 $\bar{m}_R$ 使用归一化图像点，本质矩阵的极约束可以表达为：

$$\bar{m}_R^T E \bar{m}_L = 0 \tag{7-11}$$

若替换 $\bar{m}_L$ 和 $\bar{m}_R$，上式变为 $m_R^T K_R^{-T} E K_L^{-1} m_L = 0$，与基础矩阵的极约束 $m_R^T E m_L = 0$ 进行比较，可以得到本质矩阵与基础矩阵的关系式：

$$F \cong K_R^{-T} E K_L^{-1} \text{ 或 } E \cong K_R^T E K_L \tag{7-12}$$

对于校正后的立体视觉系统，左右相机参考坐标系的焦平面是共面的，而且它们的 X 轴都与基线共线。这种系统配置可以等价地通过将右相机从光心 C_L 开始沿着 X 轴作一个向右的纯平移得到。在这种情况下的平移向量记作 t_0，并且 $t_0 = [x,0,0]^T$，其中 x 是 X 轴上的非 0 位移值，相应的本质矩阵 E_0 只需用 t_0 来表示：

$$E_0 \cong [t_0]_\times = \begin{bmatrix} 0 & 0 & 0 \\ 0 & 0 & -x \\ 0 & x & 0 \end{bmatrix} \cong \begin{bmatrix} 0 & 0 & 0 \\ 0 & 0 & -1 \\ 0 & 1 & 0 \end{bmatrix} = \begin{bmatrix} 1 \\ 0 \\ 0 \end{bmatrix}_\times \tag{7-13}$$

在以下校正过程中，将试图寻找两个旋转矩阵 R_L 和 R_R，使其满足 $E \cong R_R^T E_0 R_L$。另外根据等式（7-12）可得，与 E_0 关联的基础矩阵 F_0 可以写作：

$$F_0 \cong K_R^{-T} E_0 K_L^{-1} = K_R^{-T} \begin{bmatrix} 0 & 0 & 0 \\ 0 & 0 & -1 \\ 0 & 1 & 0 \end{bmatrix} K_L^{-1} = \begin{bmatrix} 0 & 0 & 0 \\ 0 & 0 & -1 \\ 0 & \dfrac{1}{f_{vL}} & \dfrac{v_{0R}}{f_{vR}} - \dfrac{v_{0L}}{f_{vL}} \end{bmatrix} \tag{7-14}$$

其中，$K_L = \begin{bmatrix} f_{uL} & 0 & u_{0L} \\ 0 & f_{vL} & v_{0L} \\ 0 & 0 & 1 \end{bmatrix}$ 和 $K_R = \begin{bmatrix} f_{uR} & 0 & u_{0R} \\ 0 & f_{vR} & v_{0R} \\ 0 & 0 & 1 \end{bmatrix}$ 分别是左、右相机的标定

矩阵。

从等式（7-14）可以看出，除非 K_L 和 K_R 相等，否则 F_0 和 E_0 不相等。所以一般情况下与匹配点对 m_L 和 m_R 对应的极线 $F_0^T m_R$ 和 $F_0 m_L$ 都平行于图像 u

轴，但是它们并不共线，只有当 $F_0 = E_0$ 时，对应的极线才有相等的 v 轴坐标且平行于 u 轴。

7.3.2 本质矩阵的奇异值分解

首先考虑对非 0 平移向量 t 的反对称矩阵 $[t]_\times$ 进行 SVD 分解，从附录 A 中的证明可以得出，对称矩阵 $A = [t]_\times [t]_\times^T$ 有一个特征值为 0，且该 0 特征值所对应的特征向量就是 t，另外两个特征值相等且等于 t 的模的平方。通过对 A 进行特征值分解，可得出 A 的相似对角化形式：

$$A = [t]_\times [t]_\times^T = U \begin{bmatrix} \|t\|^2 & & \\ & \|t\|^2 & \\ & & 0 \end{bmatrix} U^T = \|t\|^2 U \begin{bmatrix} 1 & & \\ & 1 & \\ & & 0 \end{bmatrix} U^T \qquad (7\text{-}15)$$

其中，$U = [u_1, u_2, u_3]$ 是一个正交矩阵，单位特征向量 u_3 对应于特征值 0，并且等于 $\pm t / \mathrm{norm}(t)$。将对角矩阵进一步分解可得出：

$$D = \begin{bmatrix} 1 & & \\ & 1 & \\ & & 0 \end{bmatrix} = \mathrm{diag}(1,1,0) = GG^T = G^T G = -G^2 \qquad (7\text{-}16)$$

这里矩阵 $G = \begin{bmatrix} 0 & -1 & 0 \\ 0 & 0 & 0 \\ 0 & 0 & 0 \end{bmatrix} = \begin{bmatrix} 1 \\ 0 \\ 0 \end{bmatrix}_\times$。

根据等式（7-15）和式（7-16），矩阵 $[t]_\times$ 有两种形式：

$$[t]_\times = \|t\| UGU^T \quad \text{或} \quad [t]_\times = \|t\| UG^T U^T \qquad (7\text{-}17)$$

这里再定义一个新的正交矩阵 Q：

$$Q = \begin{bmatrix} 0 & -1 & 0 \\ 1 & 0 & 0 \\ 0 & 0 & 1 \end{bmatrix} \qquad (7\text{-}18)$$

那么 G 和 G^{T} 能用 Q 表示为：

$$G = \mathrm{diag}(1,1,0)Q \quad \text{和} \quad G^{\mathrm{T}} = \mathrm{diag}(1,1,0)Q^{\mathrm{T}} \tag{7-19}$$

从式（7-17）和式（7-19）可得：

$$[t]_\times = \|t\|U\mathrm{diag}(1,1,0)QU^{\mathrm{T}} \quad \text{或} \quad [t]_\times = \|t\|U\mathrm{diag}(1,1,0)Q^{\mathrm{T}}U^{\mathrm{T}} \tag{7-20}$$

因为矩阵 $V_1 = QU^{\mathrm{T}}$ 或 $V_2 = Q^{\mathrm{T}}U^{\mathrm{T}}$ 是正交矩阵，因此，式（7-20）给出了反对称矩阵 $[t]_\times$ 的两种 SVD 分解形式。将其代入式（7-10）中，可以得到本质矩阵 $E \cong R[t]_\times$ 的两种形式：

$$E \cong R[t]_\times = \|t\|RU\mathrm{diag}(1,1,0)QU^{\mathrm{T}} \quad \text{和} \quad E \cong R[t]_\times = \|t\|RU\mathrm{diag}(1,1,0)Q^{\mathrm{T}}U^{\mathrm{T}} \tag{7-21}$$

根据式（7-21）可以得出结论，本质矩阵有两个相等的非 0 奇异值，并且第 3 个奇异值为 0。下面将从本质矩阵 E 的 SVD 分解中恢复旋转矩阵 R。在相差一个尺度因子的情况下，给定 E 的某一 SVD 分解 $E \cong U_E\mathrm{diag}(1,1,0)V_E^{\mathrm{T}}$，这里若 U_E 的行列式等于 -1，则 U_E 用 $-U_E$ 替换；类似地，若 $|V_E| = -1$，则 $V_E = -V_E$。根据式（7-21）容易得出旋转矩阵 R 也有两种形式：

$$R = U_E Q^{\mathrm{T}} V_E^{\mathrm{T}} \quad \text{或} \quad R = U_E Q V_E^{\mathrm{T}} \tag{7-22}$$

从图 7-1 可以看出，在立体视觉系统中，右相机的光轴是旋转矩阵 R 的第三行行向量，左、右相机的光轴（Z 轴）都指向前方，且两光轴的夹角不大于 90 度，等价地，旋转矩阵 R 的第 3 行、第 3 列元素 $R(3,3)$ 必定大于 0。因此，这里只需检查式（7-22）中两个旋转矩阵的 $R(3,3)$ 是否大于 0，其中大于 0 的那个解是 R 的真解，而且这也决定了 R 是选择 Q 还是 Q^{T}，因此，式（7-21）中关于 E 的二义性也可以由 R 的选择来消除。根据式（7-21）和式（7-22），将 U_E 和 V_E 重新写为

$$U_E = RU, \quad V_E^{\mathrm{T}} = SU^{\mathrm{T}} \quad \text{或} \quad U = V_E S \tag{7-23}$$

其中，根据 $R(3,3)$ 的符号，S 取值为 Q 或 Q^{T}。

7.3.3　校正变换

为了使得焦平面变成共面的，需要获得作用于两相机参考坐标系的旋转矩阵。根据 7.3.2 节的分析，为不失一般性，假定正交矩阵 U_E 和 V_E 都是旋转矩阵，那么本质矩阵 E 的 SVD 分解 $E \cong U_E \text{diag}(1,1,0)V_E^{\text{T}}$ 可以写作：

$$E \cong U_E \text{diag}(1,1,0)V_E^{\text{T}} = RU\text{diag}(1,1,0)SU^{\text{T}} \cong RUGU^{\text{T}} \tag{7-24}$$

由于 U_E 和 R 都是旋转矩阵，故矩阵 U 也是旋转矩阵。根据式（7-15）知，U 的第 3 列向量 u_3 等于 $\pm t/\text{norm}(t)$。同样从图 7-1 可以看出，既然右相机位于左相机右边且以左相机参考坐标系为世界参考坐标系，故平移向量 t 的 X 分量 t_x 必定大于 0。所以，如果 u_3 的 X 分量 $u_{3X} < 0$，那么 U 用 $U\text{diag}(1,-1,-1) = (u_1, -u_2, u_3)$ 进行替换，这样就使得 $u_3 = t/\text{norm}(t)$，并且一旦将 U^{T} 作用于原始世界参考坐标系，那么 $U^{\text{T}}u_3 = (0,0,1)^{\text{T}}$，即新坐标系中的 Z 轴就是平移向量 t，同理，$U^{\text{T}}u_2 = (0,1,0)^{\text{T}}$ 和 $U^{\text{T}}u_1 = (1,0,0)^{\text{T}}$，即 u_1 和 u_2 分别变成了新坐标系中的 X 轴和 Y 轴。

为了避免产生校正图像的镜像，这里需要保证让新的 Y 轴（即 u_2）和原坐标系中的 Y 轴夹角小于 90 度，这里需检查 u_2 的 Y 分量 u_{2Y} 的符号。如图 7-3（a）所示，首先，若 $u_{2Y} = 0$，考虑到 u_1 和 u_2 的 Y 分量不能同时为 0，否则 u_3（即 t）垂直 X-Z 平面，故此时用 $(-u_1, u_2, u_3)$ 替换 U；然后需要再次检查新的 u'_{2Y}，若 $u'_{2Y} = 0$，则用 $U\text{diag}(-1,-1,1)$ 来替换 U，这里 $\text{diag}(-1,-1,1)$ 表示绕 Z 轴旋转 180° 的旋转矩阵。实际上在对 U 实施了以上变换后，UGU^{T} 还是没改变，进而本质矩阵 E 也没变化。进一步地，若 R_Z 表示任一绕 Z 轴旋转的旋转矩阵，则 $G \cong R_Z^{\text{T}}GR_Z$，下面将把 G 当作另一个特殊本质矩阵。

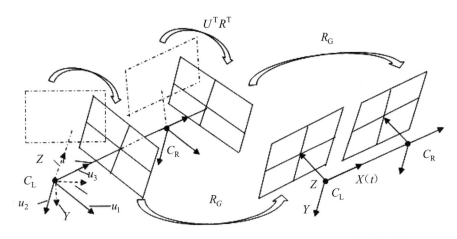

（a）立体匹配，本质矩阵为 G （b）立体匹配，本质矩阵为 E_0

图 7-3 两个立体视觉，其本质矩阵分别为 G 和 E_0

式（7-16）中的矩阵 $G = \begin{bmatrix} 0 & -1 & 0 \\ 1 & 0 & 0 \\ 0 & 0 & 0 \end{bmatrix} = \begin{bmatrix} 0 \\ 0 \\ 1 \end{bmatrix}_{\times}$ ，可以看作右相机从左光心 C_L 开

始沿着其 Z 轴（即基线）正半轴作纯平移所得到的立体视觉配置所对应的本质
矩阵。要使立体配置中本质矩阵 G 变成本质矩阵 E_0 ，如图 7-3 所示，只需将左、
右相机同时绕新 Y 轴（即 u_2）顺时针旋转 90°就可以实现，相应的旋转矩阵定义
如下：

$$R_G = \begin{bmatrix} 0 & 0 & 1 \\ 0 & 1 & 0 \\ -1 & 0 & 0 \end{bmatrix}$$

这样 $G = R_G^T E_0 R_G$ ，至此原始平移向量 t（基线）变成新坐标系中的 X 轴，
并且 E_0 就是其立体视觉配置中对应的本质矩阵。由以上分析可以得出：

$$E \cong U_E \text{diag}(1,1,0) V_E^T \cong RUGU^T = RUR_G^T E_0 R_G U^T \tag{7-25}$$

由于所提取的特征点往往含有噪声，所以估计的基础矩阵存在少量误差，这
样本质矩阵的两个非 0 奇异值只能近似相等，即 $E \cong U_E \text{diag}(1,\sigma,0) V_E^T$ ，其中 σ 非

常接近于 1。这样式（7-25）变为：

$$E \cong U_E \text{diag}(1,\sigma,0)V_E^\mathrm{T} \cong RU\text{diag}(1,\sigma,1)GU^\mathrm{T} \qquad (7\text{-}26)$$

为了让本质矩阵的两个非 0 特征值相等，这里定义一个新的矩阵 $U' = U\text{diag}(1,\sigma,1)$。值得注意的是，为了不改变原始本质矩阵 E 或基础矩阵 F 的值，一旦对原始 U 实施了某个变换，对 U' 必须实施相同的变换。根据式（7-25）和式（7-26）可得 $E \cong RU'GU^\mathrm{T} = RU'R_G^\mathrm{T}E_0R_GU^\mathrm{T}$。因此为了使得原始立体视觉配置中本质矩阵变成 E_0，对左、右相机分别实施的旋转变换为：

$$R_\mathrm{L} = R_GU^\mathrm{T} \qquad (7\text{-}27)$$

$$R_\mathrm{R} = R_GU^\mathrm{T}R^\mathrm{T} \qquad (7\text{-}28)$$

由 $\bar{m}_\mathrm{R}^\mathrm{T}E\bar{m}_\mathrm{L} = \bar{m}_\mathrm{R}^\mathrm{T}R_\mathrm{R}^\mathrm{T}E_0R_\mathrm{L}\bar{m}_\mathrm{L}$ 可知，通过 R_L 和 R_R 分别作用于左、右视图可使极线变为平行于 X 轴（即基线）。若 R_X 表示任一绕 X 轴旋转的旋转矩阵，则 $E_0 \cong R_X^\mathrm{T}E_0R_X$，这说明将左、右相机绕 X 轴进行旋转，可以得到无穷多个立体视觉配置，它们的极线都与 X 轴平行。为了尽量减少倾斜畸变，尽可能多地保留原始图像采样，我们让左相机绕 X 轴（即基线）的旋转角度变为 0。现将 R_L 分解成依次绕 Z 轴、Y 轴、X 轴旋转的三个旋转矩阵，其旋转角度分别为 φ、θ 和 ϕ，对应的旋转矩阵分别为：

$$R_X = \begin{bmatrix} 1 & 0 & 0 \\ 0 & \cos(\phi) & \sin(\phi) \\ 0 & -\sin(\phi) & \cos(\phi) \end{bmatrix}$$

$$R_Y = \begin{bmatrix} \cos(\theta) & 0 & -\sin(\theta) \\ 0 & 1 & 0 \\ \sin(\theta) & 0 & \cos(\theta) \end{bmatrix}$$

$$R_Z = \begin{bmatrix} \cos(\varphi) & \sin(\varphi) & 0 \\ -\sin(\varphi) & \cos(\varphi) & 0 \\ 0 & 0 & 1 \end{bmatrix}$$

由于 $R_L = R_X R_Y R_Z$，则 R_L 可以写成如下形式：

$R_L =$

$$
\begin{bmatrix}
\cos(\theta)\cos(\varphi) & \cos(\theta)\sin(\varphi) & -\sin(\theta) \\
\cos(\varphi)\sin(\phi)\sin(\theta)-\cos(\theta)\sin(\varphi) & \cos(\phi)\sin(\varphi)+\sin(\phi)\sin(\theta)\sin(\varphi) & \cos(\theta)\sin(\phi) \\
\sin(\phi)\sin(\varphi)+\cos(\phi)\cos(\varphi)\sin(\theta) & \cos(\phi)\sin(\theta)\sin(\varphi)-\cos(\varphi)\sin(\phi) & \cos(\phi)\cos(\theta)
\end{bmatrix}
$$

对于左相机而言，经过旋转变换，R_L 作用前后的光轴之间的夹角小于 90°，所以角度 ϕ 在 (-pi/2, pi/2) 范围内，这样容易得出 $\phi = \mathrm{actan}(R_L(3,2)/R_L(3,3))$。为了让左视图绕基线的旋转变为 0，最后在 R_L 和 R_R 的左边都施加一个旋转矩阵为 R_X^T 的变换，这样 R_L 和 R_R 变为如下形式：

$$
\overline{R}_L = R_X^T R_L \text{ 和 } \overline{R}_R = R_X^T R_R \tag{7-29}
$$

根据以上分析，本质矩阵 E 可表示为 $\overline{E} \cong \overline{R}_X^T E_0 \overline{R}_L$，对应的基础矩阵可以重写成：

$$
F \cong K_R^{-T} E K_L^{-1} \cong K_R^{-T} \overline{R}_R^T E_0 \overline{R}_L K_L^{-1} \tag{7-30}
$$

根据式（7-14）知，当 K_L 与 K_R 不相等时，基础矩阵 $F_0 \cong K_R^{-T} E_0 K_L^{-1}$ 并不等于 E_0，这样导致校正图像中对应点的 v 坐标不相等。这里定义一个新的标定矩阵 $K = (K_L + K_R)/2$，这样 $F_0 \cong K^{-T} E_0 K^{-1} \cong E_0$，即 E_0 成为基础矩阵，然后用 $K^T E_0 K$ 替换 E_0，代入式（7-30）中，得

$$
m_R^T F m_L \cong m_R^T K_R^{-T} E K_L^{-1} m_L \cong m_R^T K_R^{-T} \overline{R}_R^T K^T E_0 K \overline{R}_L K_L^{-1} m_L \tag{7-31}
$$

所以应用于原始左、右视图进行校正的单应变换矩阵分别为：

$$
H_L = K \overline{R}_L K_L^{-1} \text{ 和 } H_R = K \overline{R}_R K_R^{-1} \tag{7-32}
$$

这里 H_L 和 H_R 可以看作是由无穷远平面诱导的单应变换。将 H_L 和 H_R 分别应用于原始图像就可以得到校正图像，即 $m_L' = H_L m_L$ 和 $m_R' = H_R m_R$，并且极线对 $E_0 m_L'$ 和 $E_0^T m_R'$ 共线并且平行于图像平面 u 轴。从以上公式可以看出，基础矩阵 F 及其相关联的本质矩阵 E 在计算校正变换过程中始终没有改变。

7.4 实验结果

在实验中，首先采用 INRIA-SYNTIM 提供的 10 对立体图像，其中包括 8 对室内场景立体图像和 2 对室外场景立体图像。图像的分辨率有两种，分别为 512×512 和 768×576，另外，INRIA-SYNTIM 还提供了所有立体图像对应的相机内参数。考虑到公共数据库中包含的测试图像太少，实验中另外使用了 20 对分辨率为 1280*1024 的立体图像，这些图像来自真实、复杂的道路交通场景且由左、右两个内参数已预标定的车载摄像机拍摄所得。

对于所有的立体图像，为了自动建立左、右图像间的点对应关系，首先提取左、右图像的 SURF 特征并创建对应的特征描述子，并通过匹配特征描述子来获得初始匹配点对，然后在使用 RANSAC 鲁棒估计基础矩阵的同时剔除野点，最后用所获得的内点或基础矩阵作为校正算法的输入。为了评测本章所述算法的性能，与 Mallonet 等人的算法、Fusilloet 等人的算法和 KO 等人的算法进行对比。其中，KO 等人提出了两种校正算法，分别称为 USR-CGD 和 USR。在 USR-CGD 算法中，将诸如尺度变化的几何畸变引入代价函数中并作为正则化项，而且使用循环迭代优化方式进行最小化。而 USR 算法是 USR-CGD 算法中代价函数没有引入几何畸变约束的一种特殊情形。

由于校正技术依赖基础矩阵的估计，因此校正性能与基础矩阵的精度相关。考虑原始立体图像对中的一对对应点 m_L 和 m_R，这里采用 Sampson 误差来度量基础矩阵的精度 E_f：

$$E_f = \text{sqrt} \frac{(m_R^T F m_L)^2}{(F m_L)_1^2 + (F m_L)_2^2 + (F^T m_R)_1^2 + (F m_R)_2^2} \qquad (7\text{-}33)$$

校正精度 E_r 采用校正后对应点对的纵坐标差的绝对值来度量，即

$$E_r = \left| \frac{(H_L m_L)_2}{(H_L m_L)_2} - \frac{(H_R m_R)_2}{(H_R m_R)_2} \right| = \left| \frac{(H_R m_R)^T E_0 (H_L m_L)}{(H_L m_L)_2 \times (H_R m_R)_2} \right| \qquad (7\text{-}34)$$

一般而言，对图像进行校正变换会不可避免地导致图像尺度改变，为了评测所提算法在尺度不变性方面的性能，这里采用尺度变化率这一定义，它是指校正前后原始矩形图像区域的面积比，定义为：

$$E_{sv} = \frac{Area_{rec}}{Area_{arig}} \qquad (7\text{-}35)$$

理想情况下，尺度变化率会尽可能的接近 1，从而会降低在生成校正图像过程中由于上采样或下采样导致像素新增或丢失的采样效应。

具体实验结果见表 7-1 和表 7-2，其中对于每对立体图像，不同的算法中最好的实验结果用粗体显示。每对立体图像对中所有对应点的 E_f 和 E_r 的平均值、方差以及时间复杂度在表 7-1 中显示，其中 Sample 列表示测试实例；Avg(E_f)表示所有对应点对的 Sampson 误差 E_f 的均值，用以度量基础矩阵的精度，Var(E_f)是 E_f 的方差；Avg(E_r)是所有对应点对的校正误差 E_r 的平均值，用以度量校正误差，Var(E_r)是 E_r 的方差。其次，所有实例中左、右图像的尺度变化量及其平均值在表 7-2 中显示。

从表 7-1 可以看出，三种方法的校正误差基本上与基础矩阵误差保持一致，实际上，基础矩阵的误差可以看作是校正误差的理想最小值。相比于其他两种方法，从式（7-5）和式（7-32）可以看出，本章所述方法在校正过程中始终没有改变原始基础矩阵值，所以本章所述方法校正误差在所有实例中是最小的，最接近基础矩阵误差。

对于 Mallon 等人的算法，其右视图单应 H_R 定义成以下这种特殊形式：

$$H_R = \begin{bmatrix} 1 & 0 & 0 \\ h'_{21} & h'_{22} & h'_{23} \\ h'_{31} & h'_{32} & h'_{33} \end{bmatrix} \qquad (7\text{-}36)$$

表 7-1　五种极线校正算法的性能对比 I

Sample	Avg(E_f)	Var(E_f)	Avg(E_r)					Var(E_r)					Times/s				
			Mallon	Fusiello	Hyunsuk (USR)	Hyunsuk (USR-CGD)	Proposed	Mallon	Fusiello	Hyunsuk (USR)	Hyunsuk (USR-CGD)	Proposed	Mallon	Fusiello	Hyunsuk (USR)	Hyunsuk (USR-CGD)	Proposed
BalMire	0.03926	0.00104	0.05824	0.2026	0.03739	0.03743	0.05646	0.00227	0.02065	0.00141	0.0014	0.00214	4.09	0.71	0.67	4.31	0.5
BalMouss	0.0487	0.00228	0.06819	0.07385	0.03879	0.03908	0.06621	0.00443	0.0608	0.0009	0.00098	0.00417	3.9	2.79	0.71	3.5	0.47
Badluria	0.04177	0.00088	0.05708	0.0611	0.05893	0.06552	0.0581	0.00166	0.00206	0.00176	0.0024	0.00166	2.53	0.4	0.49	5.73	0.25
BadSynt	0.04597	0.00155	0.06952	0.04833	0.04843	0.04851	0.06569	0.00358	0.0015	0.00141	0.00148	0.00319	2.09	1.22	0.47	5.05	0.26
Color	0.04905	0.00399	0.07752	0.12161	0.14593	0.3077	0.07689	0.00976	0.00732	0.01102	0.02382	0.00715	2.62	1.27	0.61	3.45	0.4
Rubik	0.08624	0.00446	0.12372	0.15583	0.15162	0.1828	0.12207	0.00922	0.00847	0.00888	0.0134	0.00897	4.68	1.1	0.52	4.81	0.47
Sabine	0.01223	0.00016	0.01856	0.02949	0.01524	0.10511	0.01828	0.00038	0.00058	0.00042	0.00677	0.00037	2.8	1.07	0.81	2.99	0.34
Serfaty	0.09688	0.00527	0.13845	0.13708	0.13343	0.23885	0.13208	0.01076	0.01055	0.01966	0.04855	0.01008	2.66	1.03	0.65	4.62	0.27
Sport	0.04177	0.00088	0.05941	0.04065	0.05987	0.06465	0.05708	0.0018	0.00192	0.00181	0.00221	0.00166	4.18	1.18	0.67	7.36	0.48
Tot	0.02788	0.00064	0.04166	0.04065	0.04032	0.04009	0.03964	0.00143	0.00136	0.00133	0.00134	0.00128	4.56	3.19	0.6	3.36	0.5
alley	0.04631	0.00088	0.06846	0.07836	0.06489	0.06775	0.0654	0.00193	0.00372	0.00161	0.00172	0.00177	9.28	2.07	1.66	5.16	1.32
pedicab	0.0432	0.0012	0.06188	0.08577	0.06218	0.06248	0.06044	0.00246	0.00455	0.00179	0.00177	0.00235	10.78	7.45	1.49	5.06	1.41
Doorway	0.04341	0.00099	0.06358	0.06334	0.06172	0.06194	0.06107	0.00209	0.00215	0.00197	0.00196	0.00193	9.72	2.55	1.58	5.18	1.35
export	0.04287	0.00097	0.06327	0.10443	0.0611	0.06115	0.06041	0.0021	0.01019	0.00193	0.00193	0.00192	8.84	2.18	1.66	8.2	1.35
curve	0.04516	0.00083	0.06557	0.07837	0.06333	0.06428	0.06352	0.00175	0.00422	0.00173	0.00182	0.00164	13.79	1.68	1.63	6.56	1.37
VM	0.04549	0.00089	0.06622	0.06483	0.06449	0.06539	0.06394	0.0019	0.00175	0.00173	0.00176	0.00177	9.81	2.11	1.62	4.95	1.3
dual-lane	0.04725	0.00086	0.06814	0.08502	0.0669	0.06677	0.06646	0.00179	0.0037	0.00177	0.00183	0.0017	14.6	2.4	1.82	4.74	1.44
minibus	0.04864	0.0009	0.06991	0.09181	0.0684	0.06834	0.06845	0.00185	0.00834	0.00173	0.00176	0.00178	13.08	1.97	1.71	5.12	1.31
bridge	0.04553	0.00078	0.06505	0.06844	0.06288	0.06465	0.06433	0.00159	0.00269	0.00155	0.00194	0.00156	11.13	2.32	1.59	6	1.48
Red-light	0.04529	0.00086	0.06556	0.21921	0.06329	0.06346	0.06359	0.00181	0.04023	0.00177	0.00179	0.00171	10.77	1.59	1.76	5.85	1.47
wire	0.04442	0.00087	0.06442	0.06738	0.0623	0.06274	0.06215	0.00182	0.00214	0.0017	0.00176	0.00172	11.85	2.21	1.74	4.96	1.46
Bus	0.0443	0.0008	0.0641	0.06237	0.06165	0.06111	0.06229	0.00166	0.0016	0.00162	0.00174	0.00157	9.06	2.18	1.66	9.15	1.33
Barrier	0.045	0.00079	0.06549	0.06429	0.06381	0.06399	0.06329	0.0017	0.00177	0.00161	0.0016	0.00159	10.84	2.27	1.78	6.28	1.43
HYUNDAI	0.04566	0.00103	0.06719	0.19443	0.06461	0.06489	0.06395	0.00224	0.05297	0.00198	0.00195	0.00203	12.84	3.8	1.63	4.27	1.47
speed	0.03674	0.00078	0.05464	0.11171	0.05247	0.05334	0.05175	0.00174	0.01285	0.00161	0.00153	0.00156	10.23	3.87	1.64	7.06	1.35
car wash	0.0441	0.00076	0.064	0.07889	0.06278	0.06262	0.06201	0.00161	0.00419	0.00148	0.00152	0.00151	9.33	1.95	1.45	5.88	1.32
avenue	0.04302	0.00092	0.06213	0.06217	0.06045	0.06138	0.06069	0.00191	0.0019	0.00189	0.00188	0.00182	13.59	2.01	1.56	6.91	1.33
Zebracross	0.03893	0.00083	0.05613	0.05681	0.05522	0.05506	0.05495	0.00166	0.00184	0.00163	0.00167	0.00159	13.58	2.04	1.7	6.41	1.4
car	0.04544	0.00077	0.06326	0.0805	0.06112	0.06308	0.06047	0.00175	0.00272	0.00159	0.00154	0.0016	12.9	5.63	1.75	5.28	1.38
Taxi	0.04616	0.00087	0.0671	0.08061	0.06549	0.06637	0.06488	0.00184	0.00414	0.00175	0.00184	0.00172	13.43	2.02	1.46	5.07	1.3
Number of Rank 1			1	1	8	2	18	1	2	7	5	15	0	0	0	0	30
Average	0.04589	0.00129	0.06662	0.09099	0.06597	0.07968	0.06455	0.00275	0.00943	0.00277	0.00459	0.00252	8.79	2.28	1.30	5.44	1.05

表 7-2　五种极线校正算法的性能对比 II

Sample	E_p of left view(ideally 1)					E_p of right view(ideally 1)					Average(E_p) of left and right views (ideally 1)				
	Mallon	Fusiello	Hyunsuk (USR)	Hyunsuk (USR-CGD)	Proposed	Mallon	Fusiello	Hyunsuk (USR)	Hyunsuk (USR-CGD)	Proposed	Mallon	Fusiello	Hyunsuk (USR)	Hyunsuk (USR-CGD)	Proposed
BatMire	1.0452	1.0934	1.0412	1.0372	1.0306	1.0848	1.1399	1.0831	1.0692	1.0604	1.0650	1.1167	1.0622	1.0532	1.0455
BatMouss	1.0439	1.2701	1.0273	1.0299	1.0519	0.9564	1.2068	0.8497	0.8506	0.9975	1.0002	1.2385	0.9385	0.9403	1.0247
BatInria	1.0283	1.1483	1.0237	1.0046	1.0089	1.0187	1.362	1.0014	1.0129	1.0474	1.0235	1.2552	1.0126	1.0088	1.0282
BatSynt	1.0615	1.0073	1.0018	1.0031	1.009	1.0782	1.0137	1.0234	1.007	1.0566	1.0699	1.0105	1.0126	1.0051	1.0328
Color	1.1133	1.2534	1.2218	1	1.1763	1.0472	1.3964	1.0442	0.8782	1.115	1.0803	1.3249	1.1330	0.9391	1.1457
Rubik	1.0194	1.0046	1.0077	1.0063	1.0298	1.0156	1.0078	0.981	1.0046	1.0451	1.0175	1.0062	0.9944	1.0055	1.0375
Sabine	1.1051	1.0423	1.2938	1.0425	1.208	1.0924	1.0001	1.3002	1.0018	1.23	1.0988	1.0212	1.2970	1.0222	1.2190
Serfaty	1.0111	1.0043	1.0454	1.0327	0.9961	1.0101	1.0006	1.0337	1.0018	1.0001	1.0106	1.0025	1.0396	1.0223	0.9981
Sport	0.9609	1.0131	1.0284	1.024	1.0123	0.9648	1.0191	1.0468	1.026	1.0237	0.9629	1.0161	1.0376	1.0250	1.0180
Tot	1.0561	1.01	1.063	1.0503	1.0991	1.0535	1.0006	1.0356	1.0274	1.0653	1.0548	1.0053	1.0493	1.0389	1.0822
alley	1.0513	1.0051	1.0531	1.034	1.0223	1.0487	1.031	1.0361	1.0353	1.0101	1.0500	1.0181	1.0446	1.0347	1.0162
pedicab	1.0196	1.0014	1.0067	1.0061	0.9934	1.0195	1.0066	1.0294	1.027	1.027	1.0196	1.0040	1.0181	1.0166	1.0102
Doorway	1.041	1.0799	1.0347	1.0296	1.0103	1.0387	1.0875	1.0264	1.0268	1.0103	1.0399	1.0837	1.0306	1.0282	1.0103
export	1.051	1.0174	1.0571	1.0552	1.0221	1.0479	1.033	1.0362	1.0335	1.0106	1.0495	1.0252	1.0467	1.0454	1.0164
curve	1.0294	1.0083	1.0153	1.0238	0.9999	1.0307	1.0328	1.0331	1.0264	1.0198	1.0301	1.0206	1.0242	1.0251	1.0099
VM	1.0335	1.0088	1.0218	1.0024	1.0031	1.0329	1.0143	1.0335	1.0304	1.0204	1.0332	1.0116	1.0277	1.0164	1.0118
dual-lane	1.0208	1	1.008	1.0059	0.9942	1.0289	1.0568	1.0509	1.0124	1.0273	1.0249	1.0284	1.0295	1.0092	1.0108
minibus	1.0166	1.0063	1.0049	1.0048	0.9919	1.0215	1.0061	1.0429	1.0426	1.0289	1.0191	1.0062	1.0239	1.0237	1.0104
bridge	1.0052	1.0002	1.0008	1	0.988	1.0191	1.0664	1.0682	1.0123	1.0393	1.0122	1.0333	1.0345	1.0062	1.0137
Red-light	1.0282	1.0013	1.0158	1.0139	0.9991	1.0304	1.0328	1.0393	1.0369	1.0183	1.0293	1.0171	1.0276	1.0254	1.0087
Redlight	1.0276	1.0202	1.0155	1.0198	0.9985	1.0311	1.038	1.0391	1.0359	1.0229	1.0294	1.0291	1.0273	1.0279	1.0107
Bus	1.0253	1.0079	1.0124	1.0128	0.997	1.0295	1.0332	1.042	1.0418	1.0237	1.0274	1.0206	1.0272	1.0273	1.0104
Barrier	1.0331	1.0206	1.0225	1.0214	1.003	1.0348	1.0404	1.036	1.0167	1.0168	1.0340	1.0305	1.0293	1.0191	1.0099
HYUNDAI	1.0542	1.0263	1.0624	1.0562	1.0255	1.0497	1.0009	1.0312	1.0267	1.0072	1.0520	1.0136	1.0468	1.0415	1.0164
speed	1.0637	1.0193	1.0864	1.0843	1.0402	1.0598	1.0003	1.0453	1.0451	1.0156	1.0618	1.0098	1.0659	1.0647	1.0279
car wash	1.0295	1.0145	1.0173	1.0157	1	1.0309	1.0321	1.0319	1.0297	1.019	1.0302	1.0233	1.0246	1.0227	1.0095
avenue	1.0191	1.0044	1.0076	1.007	0.9932	1.0261	1.0393	1.048	1.0491	1.0311	1.0226	1.0219	1.0278	1.0281	1.0122
Zebracross	1.0164	1.0045	1.0053	1.0032	0.992	1.0239	1.0322	1.0499	1.0478	1.0303	1.0202	1.0184	1.0276	1.0255	1.0112
car	1.0481	1.1648	1.0516	1.0373	1.0184	1.0485	1.1739	1.0389	1.0341	1.0119	1.0483	1.1694	1.0453	1.0357	1.0152
Taxi	1.0321	1.0127	1.0211	1.0203	1.0021	1.0372	1.0294	1.0403	1.0393	1.0185	1.0347	1.0211	1.0307	1.0298	1.0103
Number of Rank 1	0	9	2	6	13	2	8	2	4	14	1	8	0	6	15
Average	1.0364	1.0424	1.0425	1.0228	1.0239	1.0337	1.0645	1.0399	1.0180	1.0350	1.0350	1.0534	1.0412	1.0204	1.0294

实验过程中发现，若强制将 $H_R(1,1)$ 设置为 1，有时会不可预料地得到右视图校正图像的镜像，此时将其设置为 −1 才能得到正确的右视图校正图像，如图 7-4 至图 7-7 所示。另一方面，给定基础矩阵和左视图单应 H_L（它直接从极点 e_L 得到），那么右视图单应 H_R 的每个元素可以通过线性最小二乘法求解 $H_R^T E_0 H_L = \alpha F$ 得到。可以看出，在拟合过程中必将增加基础矩阵的误差。相比之下，本章所提方法不仅没有增加基础矩阵误差，而且不会出现二义性。

Fusillo 等提出的准欧式校正方法替代了估计极线几何中基础矩阵的方法，该方法将校正问题转化成最小化所有对应点 Sampson 误差的非线性最小二乘问题，其左、右视图的校正变换形式类似于式（7-32），不同之处在于将左、右相机的四个焦距设置为相同。Fusillo 等直接对焦距和 5 个欧拉角（2 个旋转矩阵共 6 个欧拉角，而左相机的绕 X 轴旋转角度设置为 0）进行参数化，其中焦距范围设置在 [(weight+height)/3, 3*(weight+height)] 范围内。估计基础矩阵只需 8 对对应点即可，那么 Fusillo 等人的校正方法需要多少对对应点才能完成校正仍是不确定的。如图 7-4 至图 7-7 所示，一般最优化得到的焦距与真实值相差甚远，例如，Rubik 的左视图真实焦距为 f_u=1326.8883 和 f_v=1285.5596，右视图真实焦距为 f_u=1331.8867 和 f_v=1292.5626，而最优化得到的焦距是 f =493.7873，与真实值相差比较大。所以采用 Fusillo 等人的方法优化得到的单应变换与真实欧式校正的单应变换相差比较大。另外，图 7-8 显示了当焦距固定并在 [(weight+height)/3,3*(weight+height)] 范围内取不同值时，图 7-4 至图 7-7 中的四个实例的 Avg(E_r) 的变化曲线。从图 7-8 可以看出，即使焦距改变量比较大，由于在优化过程中另外的 5 个旋转角度参数也在改变，所以最终优化后校正误差改变量不大。

KO 等分析了 Fusillo 等人的单应模型局限性，提出了一个新的单应模型，在该模型中，考虑了旋转前后旧相机光心与新的虚拟相机光心之间的垂直位移；另外，考虑到在实际情况下拍摄过程中左、右相机的焦距不一致，故在对两个单应进行参数化时，将左、右相机的两个不同焦距都进行参数化。总之，KO 等提出了一个包含 9 个参数的广义单应模型。从表 7-1 可以看出，几乎在所有实例中，KO 等人的 USR 算法的校正误差要比 Fusillo 等人的小。另一方面，为了在校正误差和几何畸变上建立一种平衡，KO 等人的 USR-CGD 算法将几何畸变作为正则项合并到代价函数中，并提出一种自适应的迭代优化方法进行最小化这个新代价函数。从表 7-1 中可以看出，USR-CGD 算法的校正误差比 USR 算法的校正误差稍微高些。与 Mallonet 等人的方法一样，对于 Fusillo 等人和 KO 等人定义的特殊形式的校正变换，优化方法只能使 $H_R^T E_0 H_L$ 接近于原始基础矩阵 F，而两者不可能完全相等，因此这必将导致校正误差的增加，正如表 7-1 中的结果所示。

在极线校正过程中，为了使得校正图像的极线在水平方向上平行对齐，将不可避免地引入一些几何畸变。从表 7-2 可以看出，五种方法的尺度变化率都接近于 1。在保持尺度不变性的排名上，本章所提方法排名第 1 的数目最多。Fusillo 等人的结果与 USR-CGD 算法的排名第 1 的数目比较接近。但是，对于所有实例的平均尺度变化率，KO 等人的 USR-CGD 算法的平均尺度变化率最小。一般而言，因为 USR-CGD 算法在优化过程中引入了几何畸变并对其进行最小化，因此其尺度不变性要优于 USR 算法。Mallon 等人的方法通过最小化整个图像网格点局部像素扭曲变形来尽可能地消除校正图像不必要的倾斜和缩放畸变，最后获得了更好的结果。从图 7-5 至图 7-7 的非镜像图像可以看出，三种方法在尽量减少畸变和保持原始图像采样方面有着近似相同的性能。

对于每对立体图像，首先提取 SURF 特征并通过匹配其描述子来获取初始匹配点集；其次在使用 RANSAC 鲁棒估计基础矩阵的过程中剔除野点，所以在计算出基础矩阵的同时，也获得了最终的精确匹配点集；最后，最终的匹配点集和基础矩阵作为以上校正算法的输入。这里所统计的图像校正时间消耗包括计算校正变换时间和生成校正图像的采样时间。以上五种方法的时间复杂度对比结果在表 7-1 的 Times 列中显示，单位是秒（s）。五种方法都在 Matlab 2016a 编码上运行，并且 Matlab 2016a 安装在操作系统为 Windows7（64bit），CPU 为 3.20GHz 的 Intel

Core（i5-6500）的 PC 机上。

从表 7-1 的 Times 列中可以看出，Mallonet 等人的方法的时间消耗是最长的，这是为了尽可能地减小畸变，它需要优化覆盖在整个校正图像上不同网格点的 Jacobian 矩阵奇异值，使其尽可能接近 1。本实验中网格点之间的间距设置为 16px。Fusilloet 等人的方法给所有参数在指定范围内一个随机初始值并采用 Levenberg-Marquart 进行优化 Sampson 误差。在 KO 等人的 USR 方法中，其代价函数使用 Trust Region 算法。从实验结果上看，USR 方法要比 Fusilloet 等人的方法收敛快。另一方面，由于 USR-CGD 算法采用迭代优化的方法，最小化一个带有正则项的新代价函数，并且以 USR 算法的输出结果作为初始值，因此，其时间消耗要高于 USR 算法。因为本章方法在计算校正变换时无需任何优化过程，并且可以得到的是一个封闭解析解，所以相比于以上两种方法，本章校正方法在计算校正变换过程中所需时间消耗最低，大约是 USR 算法（排名第 2）的 4/5，而约为 Mallonet 等人的方法（排名第 5）的 1/10。

图 7-4（a）是原始立体图像对，其极线不平行于图像 u 轴。图 7-4（b）是采用 Mallon 等人的方法得到的校正图像，但由于设置 $H_R(1,1)=1$，得到了右视图校正图像的镜像。图 7-4（c）是采用 Fusiello 等人的方法获得的准欧式校正图像，尽管左、右视图极线平行于 u 轴，但注意到其所优化得到的焦距为 f=493.7873，而左视图焦距真实值为 f_{uL}=1326.8883 和 f_{vL}=1285.5596，右视图为 f_{uR}=1331.8667 和 f_{vR}=1292.5626，可见，上述优化得到的焦距与真实值相差比较大，因此与真正欧式校正差别大。图 7-4（d）USR 方法的校正误差小于 Fusiello 等人的方法和 USR-CGD 方法。从表 7-2 中看出，相比于其他方法，图 7-4（e）的 USR-GCD 方法的尺度畸变更小。图 7-4（f）是采用本章所提方法得到的校正图像，对应点的极线对平行于 u 轴，从表 7-1 中看出极线对在图像 v 轴坐标上的差距较其他两种更小。

（a）Epipolar lines of originals Rubik's images   （b）Mallon et al.'s method with $H_R(1,1)=1$

（c）Fusiello et al.'s method with f=493.7873   （d）KO et al.'s USR method

（e）KO et al.'s USR-CGD method   （f）Proposed Rectification method

图 7-4　显示极线的 Rubik 实例

图 7-5（a）是原始立体图像对，其极限不平行于图像 u 轴。图 7-5（b）是采用 Mallon 等人的方法获得的校正图像，当设置 $H_R(1,1)=1$ 时，获得了正确的校正图像，极线平行于图像 u 轴。图 7-6（c）是采用 Fusiello 等人的方法获得的准欧式校正图像，相比其他方法，其尺度畸变最小，但其优化得到的焦距为 f=746.7543，而其左视图的焦距真实值为 f_{uL}=933.5064 和 f_{vL}=907.1183，右视图为 f_{uR}=934.7126 和 f_{vR}=903.9096。图 7-5（d）USR 方法的校正误差小于 Fusiello 等人的方法和 USR-CGD 方法。从表 7-2 中看到，图 7-5（e）的 USR-CGD 方法的尺度畸变小于 USR 方法。图 7-5（f）是采用本章所述方法得到的校正图像，左、右视图中对应点的极线对平行于 u 轴。从表 7-1 中可以看出，极线对在图像 v 轴坐标上的差距较其他两种方法更小。

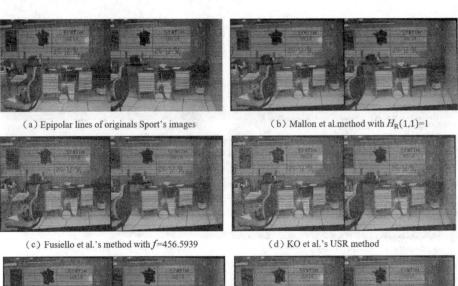

（a）Epipolar lines of originals Sport's images

（b）Mallon et al.method with $H_R(1,1)=1$

（c）Fusiello et al.'s method with f=456.5939

（d）KO et al.'s USR method

（e）KO et al.'s USR-CGD method

（f）Proposed Rectification method

图 7-5　显示极线的 Sport 实例

图 7-6（a）是原始立体图像对，其极线与图像 u 轴不平行。图 7-6（b）为采用 Mallon 等人的方法获得的校正图像，当设置 $H_R(1,1)=1$ 时，获得了正确的校正图像，图像平行于图像 u 轴。图 7-6（c）是采用 Fusiello 等人的方法得到的准欧式校正图像，其优化得到的焦距为 f=2105.3836，而其左视图焦距真实值为 f_{uL}=1568.6008 和 f_{vL}=1568.5323，右视图为 f_{uR}=1547.6487 和 f_{vR}=1548.9338，可见，上述优化得到的焦距与真实值相差比较大。图 7-6（d）所示的 USR 方法的校正误差要小于 Mallon 等人的和 Fusiello 等人的方法以及 USR-GCD 方法。从表 7-2 可以看出，图 7-6（e）所示的 USR-GCD 方法的尺度畸变比 USR 方法小。图 7-6（f）是采用本章所述方法获得的校正图像，极线对平行于 u 轴，从表 7-1 中可以看出，极线对在图像 v 轴坐标上的差距较其他两种方法更小。从表 7-2 中可以看出，本章所述方法的尺度畸变也要小于其他方法。

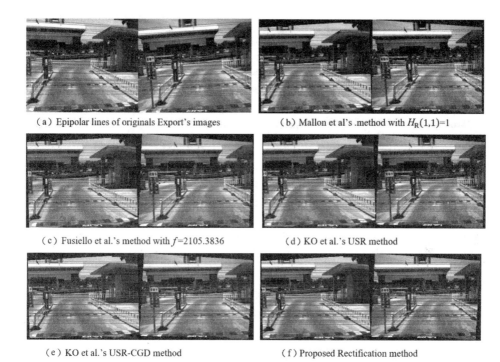

（a）Epipolar lines of originals Export's images

（b）Mallon et al's .method with $H_R(1,1)=1$

（c）Fusiello et al.'s method with f=2105.3836

（d）KO et al.'s USR method

（e）KO et al.'s USR-CGD method

（f）Proposed Rectification method

图 7-6　显示极线的 Export 实例

图 7-7（a）是原始立体图像对，其极线与图像 u 轴不平行。图 7-7（b）是采用 Mallon 等人的方法得到的校正图像，尽管校正后极线平行于 u 轴，但当设置 $H_R(1,1)=1$ 时，得到了右视图校正图像的镜像。图 7-7（c）是采用 Fusiello 等人的方法获得的准欧式校正图像，其优化得到的焦距为 f=5612.7718，而其左视图焦距真实值为 f_{uL}=1568.6008 和 f_{vL}=1568.5323，右视图为 f_{uR}=1547.6487 和 f_{vR}=1548.9338，可见，上述优化得到的焦距与真实值相差比较大，另外，本例与图 7-6 中的 Export 实例是在同一配置下拍摄的，两者所用焦距不一致。图 7-7（d）USR 方法的校正误差要小于 Fusiello 等人的方法和 USR-CGD 方法。从表 7-2 可以看出，图 7-7（e）中所示的 USR-CGD 方法的尺度畸变小于其他方法。图 7-7（f）是采用本章所述方法得到的校正图像，极线对平行于 u 轴，没有多义性，并且从表 7-1 中可以看出，极线对的 v 坐标值差距较其他两种方法要小。

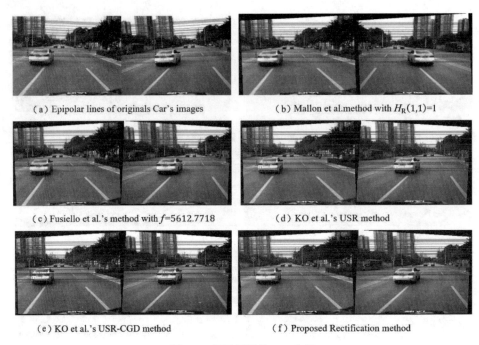

（a）Epipolar lines of originals Car's images　　　（b）Mallon et al.method with $H_R(1,1)=1$

（c）Fusiello et al.'s method with f=5612.7718　　　（d）KO et al.'s USR method

（e）KO et al.'s USR-CGD method　　　（f）Proposed Rectification method

图 7-7　显示极线的 Car 实例

图 7-8 所示为当采用 Fusiello 等人的方法进行准欧式校正时,校正误差随着焦距在[(weight+height)/3,3*((weight+height))]区间内不断改变的变化曲线。图 7-8 中的 4 个实例分别与图 7-4 至图 7-7 中的 4 个实例对应。尽管焦距的变化范围比较大,但校正误差的变化相对比较小。

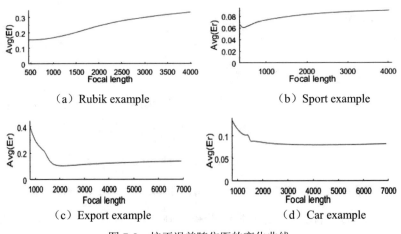

（a）Rubik example　　　（b）Sport example

（c）Export example　　　（d）Car example

图 7-8　校正误差随焦距的变化曲线

7.5　本章结论

本章详细论述了基于本质矩阵奇异值分解的立体图像极校正方法，这里的立体图像是由已知内参数而外参数未知的两相机拍摄得到。两个校正变换的封闭解析解可直接由本质矩阵的奇异值分解求得，而本质矩阵仅仅根据所估计的基础矩阵得到。本方法不涉及任何优化搜索过程，所以实现起来比较容易并且没有二义性。对于大多数立体视觉系统，本章提出的校正方法能唯一确定左、右相机之间的方位和平移方向。实验结果表明，该方法在校正精度和校正算法的时间复杂度方面比其他经典的校正方法更优。

附录 A

定理：对于任意非零向量 $t = [t_x, t_y, t_z]^T$，对称矩阵 $A = [t]_\times [t]_\times^T$ 存在两个相等的非零特征值，该特征值等于向量 t 的模的平方，而 A 的第 3 个特征值为 0。

证明：因为 $At = ([t]_\times [t]_\times^T)t = 0$，显然可得，0 是 A 的特征值，并且 t 是与 0 特征值对应的特征向量。因此，A 可以写成：

$$A = [t]_\times [t]_\times^T = -[t]_\times [t]_\times = -\begin{bmatrix} -(t_z^2 + t_y^2) & t_x t_y & t_x t_z \\ t_x t_y & -(t_x^2 + t_z^2) & t_y t_z \\ t_x t_z & t_y t_z & -(t_x^2 + t_y^2) \end{bmatrix}$$

令 $\lambda_1 = 0$，λ_2，λ_2 是 A 的三个特征值，则

$$|\lambda_1 I - A| = \begin{bmatrix} \lambda - (t_z^2 + t_y^2) & t_x t_y & t_x t_z \\ t_x t_y & \lambda - (t_x^2 + t_z^2) & t_y t_z \\ t_x t_z & t_y t_z & \lambda - (t_x^2 + t_y^2) \end{bmatrix}$$

$$= \lambda(\lambda - \lambda_2)(\lambda - \lambda_3) = \lambda^3 - (\lambda_2 + \lambda_3)\lambda^2 + \lambda_2 \lambda_3 \lambda = 0$$

那么

$$\lambda_2 + \lambda_3 = A_{11} + A_{22} + A_{33} = 2(t_x^2 + t_y^2 + t_z^2)$$

$$\lambda_2 \lambda_3 = t_x^2 t_x^2 + t_y^2 t_y^2 + t_z^2 t_z^2 + 2t_x^2 t_y^2 + 2t_y^2 t_z^2 + 2t_x^2 t_z^2 = (t_x^2 + t_y^2 + t_z^2)^2$$

从以上两式容易得出

$$\lambda_2 = \lambda_3 = t_x^2 + t_y^2 + t_z^2 = \| t \|^2$$

结束语

    本书主要借助计算机图像处理和计算机视觉技术对人体皮肤的纹理特征进行分析建模。书中主要讨论了两个主题：皮肤毛孔和毛发的图像分割和基于图像序列的皮肤三维重建。与生物细胞研究类似，图像分割是从皮肤上分离毛孔或体毛的第一步，也是优先处理的步骤。我们研究探索了很多传统图像处理技术的里程碑似的分割算法，如水平集法、阈值法、k 均值法和图割法等，它们都能有效地解决某一类分割问题。针对皮肤图像分析问题，作者提出的分割方法较为有效，具有一定的鲁棒性。此外，我们还讨论了融合纹理特征的皮肤三维重建问题。该问题是一个系统问题，研究过程中对极线几何问题、相机定标问题等亦进行了深入的研究和思考。

    人体皮肤属于可变形的非刚体，受光线强度和视点变化的影响较大。采用双目立体视觉技术进行皮肤重建，只能基于窄基线匹配，且要求双目相机同时拍摄。为获得高清晰纹理图像，作者构建了皮肤图像采集系统，系统中取景相机配有90mm 长焦定焦镜头。为获得高质量的景深图像，在立体视觉三维重建中，除了多视角几何的方法，还可以采用深度相机，但深度相机的取景范围受限，无法近距离拍摄微观皮肤图像。Stereo Lab 在 2017 年推出的 ZED 深度相机，取景范围为 0.5～20m。

    主要工作总结如下：

    （1）在皮肤图像的预处理过程中，针对皮肤表面光线分布不均匀的情况提出了一种光线平衡算法。

    （2）设计并开发了一款毛发计数统计和分析测量软件。研究内容包括一种改进的图像分割算法、用于头发计数统计的 Skeleton 技术和用于头发测量的交叉头发分割方法。

（3）提出了基于纹理局部不变特征的图像匹配算法，该方法可以有效地提高皮肤纹理的匹配效率，增加算法的鲁棒性。

（4）针对高分辨率图像中由于皮肤纹理信息缺乏造成的匹配点对过少问题，提出了采用吉布斯分布对纹理信息缺乏区域进行随机密集采样的稠密匹配算法。相比于图像间的全局最优匹配，基于图像块之间的稠密匹配方法是一种有效的匹配方法。马尔科夫模型可以有效地实现图像块间的稠密匹配，误差较小。

（5）为解决高度相似纹理区域的稠密匹配问题，作者提出了基于子空间的学习方法，充分考虑待匹配像素之间的空间位置关系，构建能量模型，利用 Grap Cut 模型达到全局最优，能量模型获得了较好的收敛，完成了稠密匹配。

（6）针对双目立体视觉系统中相机内参数已知，但外参数未知问题，提出了一种依据本质矩阵的奇异值分解获得极线校正的方法。

参考文献

[1]   IGARASHI T, NISHINO K, NAYAR S K. The appearance of human skin: a survey[J]. Foundations and Trends in Computer Graphics and Vision, 2007, 3(1):1-95.

[2]   GONZALEZ R, WOODS R. Digital image processing[M]. Upper Saddle River: Prentice Hall, 2001.

[3]   BRUCE V, GREEN P, GEORGESON M. Visual perception: Physiology, Psychology, and Ecology[M]. London: Psychology Press, 2003.

[4]   Blake A, ISARD M. Active contours[M]. Cambridge: Springer, 1998.

[5]   HORN B. Robot vision[M]. Cambridge MA: MIT Press, 1986.

[6]   PARAGIOS N, CHEN Y, FAUGERAS O. Handbook of mathematical models in computer vision[M]. New York: Springer Press, 2005.

[7]   MATTHEWS I, ISHIKAWA T, BAKER S. The template update problem[J]. IEEE Transactions on Pattern Analysis and Machine Intelligence, 2004, 26(6): 810-815.

[8]   ANGENENT S, PICHON E, TANNENBAUM A. Mathematical methods in medical image processing[J]. Bulletin of the American Mathematical Society, 2006, 43:365-396.

[9]   DESOUZA G, Kak A. Vision for mobile robot navigation: a survey[J]. IEEE Transactions on Pattern Analysis and Machine Intelligence, 2002, 24(2): 237-267.

[10] HU W, TAN T, WANG L, et al. A survey on visual surveillance of object motion and behaviors[J]. IEEE Transactions on Systems, Man, and Cybernetics, 2004, 34(3):334-352.

[11] YILMAZ A, JAVED O, SHAH M. Object tracking: a survey[J]. ACM Computing Survey, 2006, 38(4):1-45.

[12] GOLLAND P, GRIMSON W, SHENTON M, et al. Detection and analysis of statistical differences in anatomical shape[J]. Medical Image Analysis, 2005, 9(1):69-86.

[13] HABER E, MODERSITZKI J. A multilevel method for image registration[J]. SIAM Journal on Scientific Computing, 2006, 27(5):1594-1607.

[14] ZITOVA B, FLUSSER J. Image registration methods: a survey[J]. Image and Vision Computing, 2003, 21(11): 977-1000.

[15] MARTIN D, TAL C FD, MALIK J. A database of human segmented natural images and its application to evaluating segmentation algorithms and measuring ecological statistics[C]. Proceedings of International Conference on Computer Vision, 2001, 2:416-423.

[16] POLLEFEYS M, VAN G L, VERGAUWEN M, et al. Visual modeling with a hand-held camera[J]. International Journal of Computer Vision, 2004, 59(3): 207-232.

[17] MICHAEL G, NOAH S, BRIAN C, et al. Multi-View stereo for community photo collections[C]. Proceedings of International Conference on Computer Vision, 2007: 1-8.

[18] POLLEFEYS M, NISTER D, FRAHM J M, et al. Detailed real-time urban 3D reconstruction from Detailed real-time urban 3D reconstruction from video video[J]. International Journal of Computer Vision, 2008, 78(2): 143-167.

[19] LI C M, XU C Y, GUI C F, et al. Level set evolution without re-initialization: a new variational formulation[J]. IEEE Conference on Computer Vision and Pattern Recognition, San Diego, 2005: 430-436.

[20] OSHER S, SETHIAN J A. Fronts propagating with curvature dependent speed: algorithms based on Hamilton-Jacobi formulations[J]. Journal of Computational Physics, 1988, 79:12-49.

[21] OSHER S, FEDKIW R. Level set methods and dynamic implicit surfaces[M]. New York: Springer-Verlag, 2002.

[22] SETHIAN J A. Level set methods and fast marching methods[M]. Cambridge: Cambridge University Press, 1999.

[23] CASELLES V, CATTE F, COLL T, et al. A geometric model for active contours in image processing[J]. Numerische Mathematic, 1993, 66(1):1-31.

[24] CASELLES V, KIMMEL R, SAPIRO G. Geodesic active contours[J]. International Journal of Computer Vision, 1997, 22:61-79.

[25] MALLADI R, SETHIAN J A, VEMURI B C. Shape modeling with front propagation: a level set approach[J]. Transactions on Pattern Analysis and Machine Intelligence, 1995, 17:158-175.

[26] RIDLER, T W, CALVARD S. Picture thresholding using an iterative selection method[J]. IEEE Transactions on Systems Man and Cybernetics, 1978, 8(8): 630-632.

[27] SEZGIN M, SANKUR B. Survey over image thresholding techniques and quantitative performance evaluation[J]. Journal of Electronic Imaging 2004, 13(1):146-165.

[28] MA L, STAUNTON R C. A modified fuzzy C-means image segmentation algorithm for use with uneven illumination patterns[J]. Pattern Recognition,

2007, 40(11):3005-3011.

[29] HARTLEY R I, ZISSERMAN A. Multiple view geometry in Computer Vision[M]. 2nd ed. Cambridge: Cambridge University Press, 2004.

[30] LONGUET-HIGGINS H C. A computer algorithm for reconstructing a scene from two projections[J]. Nature, 1981, 293:133-135.

[31] FREIFELD O, GREENSPAN H, GOLDBERGER J. Lesion detection in noisy MR brain images using constrained GMM and active contours[C]. In proceedings of IEEE international symposium on biomedical imaging, 2007: 596-599.

[32] MALLADI R, SETHIAN J A, VEMURI B. Shape modeling with front propagation: a level set approach[J]. IEEE Transactions on Pattern Analysis and Machine Intelligence, 1997, 17(2):18-175.

[33] KWOK T, SMITH R, LOZANO S, et al. Parallel fuzzy c-means clustering for large data sets[J]. Lecture notes in computer science, 2002: 365-374.

[34] ZHU L G, QIN S Y, ZHOU F G. Skin image segmentation based on energy transformation[J]. Journal of Biomedical Optics, 2004, 9(2):362-366.

[35] DURAND C X, FAGUY D. Rational zoom of bit maps using B-spline interpolation in computerized 2 - D animation[C]. Computer Graphics Forum, 1990: 27-37.

[36] PAL S K, KING R A, HASHIM A A. Automatic gray level thresholding through index of fuzziness and entropy[J]. Pattern Recognition Letters, 1(3):141-146.

[37] ZHANG Q, WHANGBO T K. Skin pores detection for image-based skin analysis[C]. The 9th international conference on intelligent data engineering and automated learning, LNCS 5326, 2008: 233-240.

[38] DUDDA-SUBRAMANYA R, ALEXIS A F, SIU K, et al. Alopecia areata: genetic complexity underlies clinical heterogeneity[J]. European Journal of dermatology EJD, 2007, 17(5):367-374.

[39] RUSHTON D H, JAMES K C, MORTIMER C H. The unit area trichogram in the assessment of androgen-dependent alopecia[J]. British Journal Dermatol, 1983, 109:429-437.

[40] KARAM J M, COURTOIS B, HOLJO M, et al. Collective fabrication of gallium arsenide based Microsystems[C]. In Proceeding SPIE's 1996 symposium on micromachining and microfabrication, 1996: 99-129.

[41] ULRIKE B P, ANTONELLA T, DAVID A W, et al. Hair growth and disorders[M]. New York: Springer-Verlag, 2008.

[42] LEUNG C K, LAM F K. Performance analysis of a class of iterative image thresholding algorithms[J]. Pattern Recognition, 1996, 29(9):1523-1530.

[43] TRUSSEL H J. Comments on picture thresholding using iterative selection method[J]. IEEE Transactions on Systems Man & Cybernetics, 1990, 20(5): 1238-1239.

[44] YANNI M K, HORNE E. A new approach to dynamic thresholding[C], The 9th European Conference of Signal Processing, 1994, 1:34-44.

[45] TELEA A, WIJK J. An augmented fast marching method for computing skeletons and centerlines[C]. Proceedings of the symposium on Data Visualisation, 2002: 251-260.

[46] ROBERT M H, LINDA G S. Computer and robot vision[M]. Vol. I. MA: Addison-Wesley Press, Appendix A, 1992.

[47] MOKHTARIAN F, MACKWORTH A K. A theory of multi-scale curvature-based shape representation for planar curves[J]. IEEE Transactions on Pattern Analysis and Machine Intelligence, 1992, 14(8):789-805.

[48] HE X C, YUNG, NH C. Corner detector based on global and local curvature properties[J]. Optical Engineering, 2008, 47(5):057008.

[49] Tricho Scan Professional/Research Images[EB/OL]. http://trichoscan.com.

[50] CULA O G, DANA K J, MURPHY F P, et al. Skin texture modeling[J]. International Journal of Computer Vision, 2005, 62(1-2):97-119.

[51] HORN B K P, BROOKS M J. The variational approach to shape from shading[J]. Computer version, Graphics & Image Processing, 1986, 33:174-208.

[52] Yu Y Z, CHANG J. Shadow graphs and 3D texture reconstruction[J]. International Journal of Computer Vision, 2005, 62(1-2):35-60.

[53] KOLMOGOROV V, ZABIH R. Multi-camera scene reconstruction via graph-cuts[C]. European Conference on Computer Vision, 2006: 82-96.

[54] VEKSLER O. Stereo correspondence by dynamic programming on a tree[C]. IEEE Conference on Computer Vision and Pattern Recognition, 2005, 2:384-390.

[55] WEI Y, QUAN L. Region-based progressive stereo matching[C]. IEEE Conference on Computer Vision and Pattern Recognition, 2004, 1:106-113.

[56] CHOI S I, KIM C H, CHOI C H. Shadow compensation in 2D images for face Recognition[J]. Pattern Recognition, 2007, 40(7):2118-2125.

[57] POLLEFEYS M, KOCH R, GOOL L V. A simple and efficient rectification method for general motion[C]. Proceedings of International Conference on Computer Vision, 1999: 496-501.

[58] VEKSLER O. Dense features for semi-dense stereo correspondence[J]. International Journal of Computer Vision, 2002, 47(1-3):247-260.

[59] TRIVEDI H, LLOYD S A. The role of disparity gradient in stereo vision[J]. Perception, 1985, 14(6):685-690.

[60] ASCHWANDEN P, GUGGENBUHL W. Experimental results from a comparative study on correlation type registration algorithms[C]. ISPRS

Workshop, Wichmann, 1992: 268-282.

[61] LI S Z. Markov random field modeling in image analysis[M]. 3rd ed. Cambridge: Springer Press, 2009.

[62] DMITRIJ S. Gibbs probability distributions for stereo reconstruction[C], DAGM 2003, LNCS 2781, 2003: 394-401.

[63] DEMPSTER A P, LAIRD N M, DURBIN D B. Maximum likelihood from incomplete data via the EM algorithm[J]. Journal of the Royal Statistical Society, 1977, 39:185-197.

[64] ZHANG Q, WHANGBO T K. Two stages stereo dense matching algorithm for 3D skin micro-surface reconstruction[C]. The 16th International Multimedia Modeling Conference, LNCS 5916, 2010: 25-34.

[65] TERZOPOULOS D, WATERS K. Physically based facial modeling, analysis and animation[J]. Journal of visualization and computer animation, 1990, 1(4):73-80.

[66] ZURDO J S, BRITO J P, OTADUY M A. Animating wrinkles by example on non-skinned cloth[J]. IEEE Transactions on Visualization and Computer Graphics, 2013, 19(1):149-158.

[67] BLANZ V, VETTER T. A morphable model for the synthesis of 3D-faces[C]. SIGGRAPH'99 conference proceedings, 1999: 187-194.

[68] NOH J. Facial animation by expression cloning [D]. California: Ph.D Thesis University of Southern California, 2002: 1-155.

[69] KURIHARA T, ARAI K. A transformation method for modeling and animation of the human face from photographs[C]. In Proceeding of Computer animation, 1991: 45-57.

[70] 姜大龙. 真实感三维人脸合成方法研究[D]. 北京：中国科学院计算技术研

究所，2005.

[71] 姜大龙，高文，王兆其，等. 面向纹理特征的真实感三维人脸动画方法[J]. 计算机学报，2004，27（6）：750-757.

[72] LI L, LIU F, LI C B, et al. Realistic wrinkle generation for 3D face modeling based on automatically extracted curves and improved shape control functions[J]. Computers and Graphics, 2011, 35(1):175-184.

[73] 王俊，朱利. 基于图像匹配－点云融合的建筑物立面三维重建[J]. 计算机学报，2012，35（10）：2072-2079.

[74] LIU Z, SHAN Y, ZHANG Z. Expressive expression mapping with ratio images[C]. In SIGGRAPH 2001 Conference Proceedings, 2001: 271-276.

[75] SHIM H J. Probabilistic approach to realistic face synthesis with a single uncalibrated image[J]. IEEE Transactions on Image Processing, 2012, 21(8): 3784-3793.

[76] PARKE F. Computer generated animation of faces[D]. Salt Lake City: University of Utah, 1972.

[77] TONG J, ZHANG M M, XIANG X Q, et al. 3D body scanning with hairstyle using one time-of-flight camera[J]. Computer Animation and Virtual Worlds, 2011, 22(2):203-211.

[78] 周瑾，潘建江，童晶，等. 使用 Kinect 快速重建三维人体[J]. 计算机辅助设计与图形学学报，2013，25（6）：873-879.

[79] LI K, XU F, WANG J, et al. A data-driven approach for facial expression synthesis in video[C]. IEEE Conference on Computer Vision and Pattern Recognition, 2012: 57-64.

[80] CAETANO T, MCAULEY J, CHENG L, et al. Learning graph matching[J]. IEEE Trans. Pattern Analysis and Machine Intelligence, 2009, 31(6):1048-1058.

[81]   COUR T, SRINIVASAN P, SHI J. Balanced graph matching[C]. Conference on Advances in Neural Information Processing Systems. Cambridge MA: MIT Press, 2006.

[82]   TORRESANI L, KOLMOGOROV V, ROTHER C. Feature correspondence via graph matching: models and global optimization[C]. European Conference on Computer Vision, 2008: 596-609.

[83]   TORKI M, ELGAMMAL A. One-shot multi-set non-rigid feature spatial matching[C]. IEEE Conference on Computer Vision and Pattern Recognition, 2010: 3058-3065.

[84]   WEI Y, QUAN L. Region-based progressive stereo matching[C]. IEEE Conference on Computer Vision and Pattern Recognition, 2004: 106-113.

[85]   ZHU L G, QIN S Y, ZHOU F G. Skin image segmentation based on energy transformation[J]. Journal of Biomedical Optics, 2004, 9(2):362-366.

[86]   YILMAZ A, JAVED O, SHAH M. Object tracking: a survey[J]. ACM Computing Survey, 2006, 38(4):1-45.

[87]   CECH J, SARA R. Efficient sampling of disparity space for fast and accurate matching[C]. IEEE Conference on Computer Vision and Pattern Recognition, 2007: 1-8.

[88]   ALEXANDER O, ROGERS M, LAMBETH W, et al. The digital emily project: achieving a photorealistic digital actor[J]. IEEE Computer Graphics and Applications, 2010, 30(4):20-31.

[89]   KÄHLER K, HABER J, YAMAUCHI H, et al. Head shop: generating animated head models with anatomical structure[C]. Proceedings of the ACM SIGGRAPH Symposium on Computer Animation. New York: ACM Press, 2002: 55-64.

[90]   PAN G, HAN S, WU Z H, et al. Super-resolution of 3d face[C]. Proceedings of

the 9th European Conference on Computer Vision, 2006: 389-401.

[91] 解则晓，徐尚. 三维点云数据拼接中 ICP 及其改进算法综述[J]. 中国海洋
大学学报，2010，40（1）：99-103.

[92] TUYTELAARS T, MIKOLAJCZYK K. Local invariant feature detectors: a
survey[J]. Foundations and Trends in Computer Graphics and Vision, 2008,
3(3):177-280.

[93] LOWE D. Distinctive image features from scale-invariant key points[J].
International Journal of Computer Vision, 2004, 2(60):91-110.

[94] ZHANG Z, DERICHE R, FAUGERAS O D, et al. A robust technique for
matching two uncalibrated images through the recovery of the unknown epipolar
geometry[J]. Artificial Intelligence, 1995, 78:87-119.

[95] SZELISKI R. Computer vision: algorithms and applications[M]. 1st ed. Berlin:
Springer, 2010.

[96] MIKOLAJCZYK K, SCHMID C. A performance evaluation of local
descriptors[J]. IEEE Transactions on Pattern Analysis and Machine Intelligence,
2005, 27(10):1615-1630.

[97] KE Y, SUKTHANKAR R. PCA-SIFT: a more distinctive representation for
local image descriptors[C]. IEEE Conference on Computer Vision and Pattern
Recognition, 2004: 511-517.

[98] BAY H, ESS A, TUYTELAARS T, et al. SURF: speeded up robust features[J].
Computer Vision and Image Understanding, 2008, 110(3):346-359.

[99] HUA G, BROWN M, WINDER S. Discriminant embedding for local image
descriptors[C]. Proceedings of International Conference on Computer Vision,
2007: 1-8.

[100] GIONIS A, INDYK P, MOTWANI R. Similarity search in high dimensions via

hashing[C]. Proceedings of 25th International Conference on Very Large Data Bases, 1999: 518-529.

[101] SHAKHNAROVICH G, VIOLA P, DARRELL T. Fast pose estimation with parameter sensitive hashing[C]. Proceedings of International Conference on Computer Vision, 2003: 750-757.

[102] TORRALBA A, FERGUS R, WEISS Y. Small codes and large databases for object recognition[C]. IEEE Conference on Computer Vision and Pattern Recognition, 2008: 1-8.

[103] MUJA M, LOWE D G. Fast approximate nearest neighbors with automatic algorithm configuration[C]. International Conference on Computer Vision Theory & Applications, 2009: 331-340.

[104] SNAVELY N, SEITZ S M, SZELISKI R. Photo tourism: exploring photo collections in 3D[J]. ACM Transactions on Graphics, 2006, 25(3):835-846.

[105] WU Y, ZHU H, HU Z, et al. Camera calibration from the quasi-affine invariance of two parallel circles[C]. European Conference on Computer Vision, 2004: 190-202.

[106] FAUGERAS O, LUONG T, MAYBANK S. Camera self-calibration: theory and experiments[C]. European Conference on Computer Vision, 1992: 321-334.

[107] HARTLEY R. Kruppa's equations derived from the fundamental matrix[C]. IEEE Transactions on Pattern Analysis and Machine Intelligence, 1997, 19(2): 433-135.

[108] POLLEFEYS M, GOOL L V, OOSTERLINCK A. The modulus constraint: a new constraint for self-calibration[C]. Proceedings of 13th International Conference on Pattern Recognition, 1996: 349-353.

[109] POLLEFEYS M, KOCH R, GOOL L V. Self-calibration and metric

reconstruction in spite of varying and unknown internal camera parameters[C]. Proceedings of International Conference on Computer Vision, 1998: 90-96.

[110] 孟晓桥，胡占义. 摄像机自定标方法的研究与进展. 自动化学报，2003，29（1）：110-124.

[111] LOURAKIS M A, ARGYROS A. SBA: a software package for generic sparse bundle adjustment[J]. ACM Transactions on Graphics, 2009, 36(1):1-30.

[112] ROUSSEEUW P. Least median of square regression[J]. Journal of the American Statistical Association, 1984, 79:871-880.

[113] OLSSON C, ERIKSSON A, HARTLEY R. Outlier removal using duality[C]. IEEE Conference on Computer Vision and Pattern Recognition, 2010: 1450-1457.

[114] LI H. A practical algorithm for L∞ infinity triangulation with outliers[C]. IEEE Conference on Computer Vision and Pattern Recognition, 2007: 1-8.

[115] SCHARSTEIN D, SZELISKI R, ZABIH R. A taxonomy and evaluation of dense two-frame stereo correspondence algorithms[C]. International Journal of Computer Vision , 2001: 7-47.

[116] HIRSCHMULLER H, SCHARSTEIN D. Evaluation of cost functions for stereo matching[C]. IEEE Conference on Computer Vision and Pattern Recognition, volume 1, 2007: 1-8.

[117] BOBICK A F, INTILLE S S. Large occlusion stereo[J]. International Journal of Computer Vision. 1999, 33(3):181-200.

[118] KANADE T, OKUTOMI M. A stereo matching algorithm with an adaptive window: theory and experiments[J]. IEEE Transactions on Pattern Analysis and Machine Intelligence, 1994, 16(9):920-932.

[119] YOON K J, KWEON I S. Locally adaptive support-weight approach for visual correspondence search[C]. IEEE Conference on Computer Vision and Pattern

Recognition, 2005: 924-931.

[120] HARTLEY R, STURM P. Triangluation[J]. Computer Vision and Image Understand, 1997, 68(2):157-164.

[121] KAHL F, HARTLEY R. Multiple view geometry under the L∞-norm[J]. IEEE Transactions on Pattern Analysis and Machine Intelligence, 2008, 30(9): 1603-1617.

[122] KAHL F, AGARWAL S, CHANDRAKER M K, et al. Practical global optimization for multiview geometry[J]. International Journal of Computer Vision, 2008, 79(3):271-284.

[123] SIM K, HARTLEY R. REMOVING outliers using the L∞ norm[C]. IEEE Conference on Computer Vision and Pattern Recognition, 2006: 485-494.

[124] PRICE K, STORN R M, LAMPINEN J A. Differential evolution: a practical approach to global optimization[M]. Berlin: Springer Press, 2005.

[125] DE L L, VITE S I. Direct 3D metric reconstruction from two views using differential evolution[C]. IEEE World Congress on Computational Intelligence, 2008: 3266-3273.

[126] DE L L. Self-calibration from planes using differential evolution[C]. Progress in Pattern Recognition, Image Analysis, Computer Vision, and Applications, LNCS, 2009, 5856:724-731.

[127] CULA O, DANA K, MURPHY F, et al. Skin texture modeling[J]. International Journal of Computer Vision, 2005, 62(1-2):97-119.

[128] BAY H, TUYTELAARS T, VAN G L. Surf: speeded up robust features[C]. European Conference on Computer Vision, 2006: 404-417.

[129] MIKOLAJCZYK K, SCHMID C. A performance evaluation of local description[J]. IEEE Transactions on Pattern Analysis and Machine Intelligence,

2005, 27(10):1615-1630.

[130] BROWN M, WINDER S, SZELISKI R. Multi-image matching using multi-scale oriented patches[C]. IEEE Conference on Computer Vision and Pattern Recognition, 2005: 510-517.

[131] PANG Y, LI W, YUAN Y, et al. Fully affine invariant SURF for image matching[J]. Neurocomputing, 2012, 85(0): 6-10.

[132] DUCHENNE O, BACH F, KWEON I, et al. A tensor-based algorithm for high-order graph matching[J]. IEEE Transactions on Pattern Analysis and Machine Intelligence, 2011, 33(12):2383-2395.

[133] HACOHEN Y, SHECHTMAN E, GOLDMAN D B, et al. Non-rigid dense correspondence with applications for image enhancement[C]. In SIGGRAGH, 2011.

[134] TORKI M, ELGAMMAL A. One-shot multi-set non-rigid feature spatial matching[C]. IEEE Conference on Computer Vision and Pattern Recognition, 2010: 3058-3065.

[135] HAMID R, DECOSTE D, LIN C J. Dense non-rigid point-matching using random projections[C]. IEEE Conference on Computer Vision and Pattern Recognition, 2013: 2914-2921.

[136] MICHAEL Z, MATTHIAS N, SHAHRAM I, et al. Real-time non-rigid reconstruction using an RGB-D camera[J]. ACM Transactions on Graphics, 2014, 33(4): Article no.156.

[137] TEPOLE A B, GART M, PURNELL C A, et al. Multi-view stereo analysis reveals anisotropy of prestrain, deformation, and growth in living skin[J]. Biomechanics & Modeling in Mechanobiology, 2015, 14(5):1007-1019.

[138] LOWE D G. Object recognition from local scale-invariant features[C].

Proceedings of International Conference on Computer Vision, 1999: 1150-1157.

[139] CHOI S, KIM T, YU W. Performance evaluation of RANSAC family[C]. Proceedings of The British Machine Vision Conference, 2009: 81.1-81.12.

[140] GEMAN S, GEMAN D. Stochastic relaxation, gibbs distributions, and the bayesian restoration of images[J]. IEEE Transactions on Pattern Analysis and Machine Intelligence, 1984, 6(6):721-741.

[141] DEMPSTER A P, LAIRD N M, DURBIN D B. Maximum likelihood from incomplete data via the EM algorithm[J]. Journal of The Royal Statistical Society, 1977, 39:185-197.

[142] DMITRIJ S. Gibbs probability distributions for stereo reconstruction[C]. DAGM 2003. 2003, LNCS 2781:394-401.

[143] KE Y, SUKTHANKAR R. PCA-SIFT: a more distinctive presentation for local image description[C]. IEEE Conference on Computer Vision and Pattern Recognition, 2004: 506-513.

[144] BAY H, TUYTELLAARS T, GOOL L. SURF: speed up robust features[C]. European Conference on Computer Vision, 2006: 404-417.

[145] BOYKOV Y, VEKSLER O, ZABIH, R. Fast approximate energy minimization via graph cuts[J]. IEEE Transactions on Pattern Analysis and Machine Intelligence, 2004, 23(11):1222-1239.

[146] GEIGER D, ISHIKAWA H. Segmentation by grouping junctions[C]. IEEE Conference on Computer Vision and Pattern Recognition, 1998: 125-131.

[147] SUN J, SHUM H Y, ZHENG N N. Stereo matching using belief propagation[C]. European Conference on Computer Vision, 2006: 510-524.

[148] BOYKOV Y, VEKSLER O, ZABIH R. Efficient approximate energy minimization via graph cuts[J]. IEEE Transactions on Pattern Analysis and Machine

Intelligence, 2001, 20(12):1222-1239.

[149] GREIG D, PORTEOUS B, SEHEULT A. Exact maximum a posteriori estimation for binary images[J]. Journal of The Royal Statistical Society, 1989, Series B, 51(2):271-279.

[150] ZED Stereo Camera[EB/OL]. https://www.stereolabs.com/zed/specs/.

[151] WANG J, SUN B, LU Y. MVPNet: Multi-view point regression networks for 3D object reconstruction from a single image[C]. Proceedings of the AAAI Conference on Artificial Intelligence, 2019, 33:8949-8956.

[152] LI K, PHAM T, ZHAN H. Efficient dense point cloud object reconstruction using deformation vector fields[C]. Proceedings of the European Conference on Computer Vision, 2018: 497-513.

[153] MESCHEDER L, OECHSLE M, NIEMEYER M. Occupancy networks: learning 3d reconstruction in function space[C]. Proceedings of the IEEE Conference on Computer Vision and Pattern Recognition, 2019: 4460-4470.

[154] FAN B. Do we need binary features for 3d reconstruction?[C]. IEEE Conference on Computer Vision and Pattern Recognition Workshops, 2016: 53-62.

[155] YANG Q, WANG L, YANG R, et al. Stereo matching with color-weighted correlation, hierarchical belief propagation, and occlusion handling[J]. IEEE Transactions on Pattern Analysis and Machine Intelligence, 2009, 31(3):492-504.

[156] BAE K R, MOON B. An accurate and cost-effective stereo matching algorithm and processor for real-time embedded multimedia systems[J]. Multimedia Tools and Applications, 2017, 76:17907–17922.

[157] ZHANG H B, YUAN K, ZHOU Q R. Visual navigation of an automated guided vehicle based on path recognition[C]. Proceedings of the IEEE International Conference on Machine Learning and Cybernetics, 2004, 6:3877-3881.

[158] ZHANG Z. Determining the epipolar geometry and its uncertainty: a review[J]. International Journal of Computer Vision, 1998, 27(2):161-195.

[159] ALAN D J. Manual of photogrammetry[M]. Falls Church, VA: American Society of Photogrammetry,1980.

[160] PAPADIMITRIOU D V, DENNIS T J. Epipolar line estimation and rectification for stereo image pairs[J]. IEEE Transactions on Image Processing, 1996, 5(4):672-676.

[161] FUSIELLO A, TRUCCO E, VERRI A. A compact algorithm for rectification of stereo pairs[J]. Machine Vision and Applications, 2000, 12(1):16-22.

[162] KANG Y S, HO Y S. An efficient image rectification method for parallel multi-camera arrangement[J]. IEEE Transactions on Consumer Electronics, 2011, 57(3):1041-1048.

[163] LIU H, ZHU Z, YAO L, et al. Epipolar rectification method for a stereovision system with telecentric cameras[J]. Optics and Lasers in Engineering, 2016, 83:99-105.

[164] HARTLEY R. Theory and practice of projective rectification[J]. International Journal of Computer Vision,1999, 35(2):115-127.

[165] LOOP C, ZHANG Z. Computing rectifying homographies for stereo vision[C]. In Proceedings of the IEEE Conference on Computer Vision and Pattern Recognition, 1999: 125-131.

[166] SUN C. Uncalibrated three-view image rectification[J]. Image and Vision Computing, 2003, 21(3):259-269.

[167] GLUCKMAN J, NAYAR S K. Rectifying transformations that minimize resampling effects[C]. IEEE Conference on Computer Vision and Pattern Recognition, 2001: 11-17.

[168] MALLON J, WHELAN P F. Projective rectification from the fundamental matrix[J]. Image & Vision Computing, 2005, 23(7):643-650.

[169] AL-ZAHRANI A, IPSON S S, HAIGH J G B. Applications of a direct algorithm for the rectification of uncalibrated images[J]. Information Sciences, 2004, 160(1-4):53-71.

[170] ISGRÒ F, TRUCCO E. Projective rectification without epipolar geometry[C]. IEEE Conference on Computer Vision and Pattern Recognition, 1999: 94-99.

[171] FUSIELLO A, IRSARA L. Quasi-Euclidean epipolar rectification of uncalibrated images[J]. Machine Vision and Applications, 2001, 22(4):663-670.

[172] KUMAR S, MICHELONI C, PICIARELLI C, et al. Stereo rectification of uncalibrated and heterogeneous images[J]. Pattern Recognition Letters, 2010, 31:1445-1452.

[173] BANNO A, IKEUCHI K. Estimation of F-Matrix and image rectification by double quaternion[J]. Information Sciences, 2012, 183(1):140-150.

[174] ZHANG Z. Flexible camera calibration by viewing a plane from unknown orientations[C]. Proceedings of International Conference on Computer Vision, 1999: 666-673.

[175] CHEN X, ZHAO Y. A linear approach for determining camera intrinsic parameters using tangent circles[J]. Multimedia Tools and Applications, 2015, 74(15):5709-5723.

[176] BOUGUET J Y. Matlab camera calibration toolbox[EB/OL]. http:\\www.vision.caltech.edu\bouguetj\calibdoc, 2000.

[177] HARTLEY R. In defense of the eight-point algorithm[J]. IEEE Transactions on Pattern Analysis and Machine Intelligence, 1997, 19(6):580-593.

[178] HEYDEN A, POLLEFEYS M. Tutorial on multiple view geometry[C]. In

conjunction with ICPR, 2000: 45-107.

[179] KO H, SHIM H S, CHOI O, et al. Robust uncalibrated stereo rectification with constrained geometric distortions (USR-CGD)[J]. Image and Vision Computing, 2017, 60:98-114.

[180] YUAN Y. A review of trust region algorithms for optimization[C]. Proceedings of the Fourth International Congress on Industrial and Applied Mathematics, 1999: 271-282.

[181] FISCHLER M A, BOLLES R C. Random sample consensus: a paradigm for model fitting with applications to image analysis and automated cartography[J]. Communications of the ACM, 1981, 24(6):381-395.

[182] ZHANG Q. Dense matching based on subspace learning for non-rigid object[C]. ACM proceeding of ICIMCS, 2016: 181-183.

[183] ZHANG Q. A framework for automatic hair counting and measurement[C]. ICIC2014, LNCS8590, 2014: 193-202.

[184] WU W H, ZHANG Q. A novel image matching algorithm using local description[C], ICCWAMTIP 2014: 257-260.

[185] ZHANG Q, TU C H. High resolution non-rigid dense matching based on optimized sampling[J]. Neurocomputing, 2017, 259(11):154-158.

[186] WU W H, ZHU H, ZHANG Q. Epipolar rectification by singular value decomposition of essential matrix[J]. Multimedia tools and application, 2018, 177(12):15747-15771.

[187] WU W H, ZHU H, ZHANG Q. Oriented-linear-tree based cost aggregation for stereo matching[J]. Multimedia tools and application, 2019, 178(12):15779-15800.